制药工程实训

（供中药学、药学、制药工程及药物制剂专业使用）

主　编　周长征

副主编　江汉美　李春花
　　　　　李瑞海　张朔生

中国医药科技出版社

内 容 提 要

　　本书为全国普通高等中医药院校药学类"十二五"规划教材。全书共分 11 章，内容包括药品与 GMP，确认与验证，制剂车间的管理，制药工艺用水的制备与操作，中药前处理、提取、分离、蒸发、干燥工艺与操作，丸剂、滴丸剂、颗粒剂、胶囊剂、片剂、口服液体制剂制备工艺与操作等，保证学生完成制药厂特别是中药厂基本生产流程操作培训。

　　本书可供中药学、药学、制药工程及药物制剂专业使用，也可作为相关企业培训用书。

图书在版编目（CIP）数据

制药工程实训/周长征主编 . —北京：中国医药科技出版社，2015.2
全国普通高等中医药院校药学类"十二五"规划教材
ISBN 978 – 7 – 5067 – 7283 – 9

Ⅰ.①制…　Ⅱ.①周…　Ⅲ.①制药工业 – 化学工程 – 中医学院 – 教学参考资料
Ⅳ.①TQ46

中国版本图书馆 CIP 数据核字（2015）第 029076 号

美术编辑　陈君杞
版式设计　郭小平

出版　中国医药科技出版社
地址　北京市海淀区文慧园北路甲 22 号
邮编　100082
电话　发行：010 – 62227427　邮购：010 – 62236938
网址　www.cmstp.com
规格　787 × 1092mm $\frac{1}{16}$
印张　11
字数　227 千字
版次　2015 年 2 月第 1 版
印次　2021 年 12 月第 2 次印刷
印刷　三河市百盛印装有限公司
经销　全国各地新华书店
书号　ISBN 978 – 7 – 5067 – 7283 – 9
定价　45.00 元

全国普通高等中医药院校药学类"十二五"规划教材

编写委员会

主任委员　彭　成（成都中医药大学）

副主任委员　朱　华（广西中医药大学）

曾　渝（海南医学院）

杨　明（江西中医药大学）

彭代银（安徽中医药大学）

刘　文（贵阳中医学院）

委　　员（按姓氏笔画排序）

王　建（成都中医药大学）

王诗源（山东中医药大学）

尹　华（浙江中医药大学）

邓　赟（成都中医药大学）

田景振（山东中医药大学）

刘友平（成都中医药大学）

刘幸平（南京中医药大学）

池玉梅（南京中医药大学）

许　军（江西中医药大学）

严　琳（河南大学药学院）

严铸云（成都中医药大学）

杜　弢（甘肃中医学院）

李小芳（成都中医药大学）

李　钦（河南大学药学院）

李　峰（山东中医药大学）

杨怀霞（河南中医学院）

杨武德（贵阳中医学院）

吴启南（南京中医药大学）

何　宁（天津中医药大学）

张　梅（成都中医药大学）

张　丽（南京中医药大学）

张师愚（天津中医药大学）

张永清（山东中医药大学）

陆兔林（南京中医药大学）

陈振江（湖北中医药大学）

陈建伟（南京中医药大学）

罗永明（江西中医药大学）

周长征（山东中医药大学）

周玖瑶（广州中医药大学）

郑里翔（江西中医药大学）

赵　骏（天津中医药大学）

胡昌江（成都中医药大学）

郭　力（成都中医药大学）

郭庆梅（山东中医药大学）

容　蓉（山东中医药大学）

巢建国（南京中医药大学）

康文艺（河南大学药学院）

傅超美（成都中医药大学）

彭　红（江西中医药大学）

董小萍（成都中医药大学）

蒋桂华（成都中医药大学）

韩　丽（成都中医药大学）

曾　南（成都中医药大学）

裴　瑾（成都中医药大学）

秘　书　长　王应泉

办　公　室　赵燕宜　浩云涛　何红梅　黄艳梅

本书编委会

主　　编　周长征

副 主 编　（按姓氏笔画排序）

江汉美　李春花

李瑞海　张朔生

编　　委　（按姓氏笔画排序）

马　山（山东中医药大学）

王　芳（济南大学）

仝　艳（河南中医学院）

江汉美（湖北中医药大学）

李庆国（广州中医药大学）

李学涛（辽宁中医药大学）

李春花（河北中医学院）

李瑞海（辽宁中医药大学）

张兴德（南京中医药大学）

张朔生（山西中医学院）

周长征（山东中医药大学）

罗　佳（成都中医药大学）

贲永光（广东药学院）

黄　莉（湖南中医药大学）

康怀兴（山东中医药大学）

魏　莉（上海中医药大学）

出版说明

　　在国家大力推进医药卫生体制改革，健全公共安全体系，保障饮食用药安全的新形势下，为了更好地贯彻落实《国家中长期教育改革和发展规划纲要（2010 - 2020年)》和《国家药品安全"十二五"规划》，培养传承中医药文明，具备行业优势的复合型、创新型高等中医药院校药学类专业人才，在教育部、国家食品药品监督管理总局的领导下，中国医药科技出版社根据《教育部关于"十二五"普通高等教育本科教材建设的若干意见》，组织规划了全国普通高等中医药院校药学类"十二五"规划教材的建设。

　　为了做好本轮教材的建设工作，我社成立了"中国医药科技出版社高等医药教育教材工作专家委员会"，原卫生部副部长、国家食品药品监督管理局局长邵明立任主任委员，多位院士及专家任专家委员会委员。专家委员会根据前期全国范围调研的情况和各高等中医药院校的申报情况，结合国家最新药学标准要求，确定首轮建设科目，遴选各科主编，组建"全国普通高等中医药院校药学类'十二五'规划教材编写委员会"，全面指导和组织教材的建设，确保教材编写质量。

　　本轮教材建设，吸取了目前高等中医药教育发展成果，体现了涉药类学科的新进展、新方法、新标准；旨在构建具有行业特色、符合医药高等教育人才培养要求的教材建设模式，形成"政府指导、院校联办、出版社协办"的教材编写机制，最终打造我国普通高等中医药院校药学类核心教材、精品教材。

　　全套教材具有以下主要特点。

一、教材顺应当前教育改革形势，突出行业特色

　　教育改革，关键是更新教育理念，核心是改革人才培养体制，目的是提高人才培养水平。教材建设是高校教育的基础建设，发挥着提高人才培养质量的基础性作用。教育部《关于普通高等院校"十二五"规划教材建设的几点意见》中提出：教材建设以服务人才培养为目标，以提高教材质量为核心，以创新教材建设的体制机制为突破口，以实施教材精品战略、加强教材分类指导、完善教材评价选用制度为着力点。鼓励编写、出版适应不同类型高等学校教学需要的不同风格和特色的教材。而药学类高等教育的人才培养，有鲜明的行业特点，符合应用型人才培养的条件。编写具有行业特色的规划教材，有利于培养高素质应用型、复合型、创新型人才，是高等医药院校教学改革的体现，是贯彻落实《国家中长期教育改革和发展规划纲要（2010 - 2020年)》的体现。

二、教材编写树立精品意识，强化实践技能培养，体现中医药院校学科发展特色

本轮教材建设对课程体系进行科学设计，整体优化；根据新时期中医药教育改革现状，增加与高等中医药院校药学职业技能大赛配套的《中药传统技能》教材；结合药学应用型特点，同步编写与理论课配套的实验实训教材，独立建设《实验室安全与管理》教材。实现了基础学科与专业学科紧密衔接，主干课程与相关课程合理配置的目标；编写过程注重突出中医药院校特色，适当融入中医药文化及知识，满足21世纪复合型人才培养的需要。

参与教材编写的专家都以科学严谨的治学精神和认真负责的工作态度，以建设有特色的、教师易用、学生易学、教学互动、真正引领教学实践和改革的精品教材为目标，严把编写各个环节，确保教材建设精品质量。

三、坚持"三基五性三特定"的原则，与行业法规标准、执业标准有机结合

本套教材建设将应用型、复合型高等中医药院校药学类人才必需的基本知识、基本理论、基本技能作为教材建设的主体框架，将体现高等中医药教育教学所需的思想性、科学性、先进性、启发性、适用性作为教材建设灵魂，在教材内容上设立"要点导航、重点小结"模块对其加以明确；使"三基五性三特定"有机融合，相互渗透，贯穿教材编写始终，并且设立"知识拓展、药师考点"等模块，和执业药师资格考试、新版《药品生产质量管理规范》（GMP）、《药品经营管理质量规范》（GSP）紧密衔接，避免理论与实践脱节，教学与实际工作脱节。

四、创新教材呈现形式，促进高等中医药院校药学教育学习资源数字化

本轮教材建设注重数字多媒体技术，相关教材陆续建设课程网络资源，藉此实现教材富媒体化，促进高等中医药院校药学教育学习资源数字化，帮助院校及任课教师在MOOCs时代进行的教学改革，提高学生学习效果。前期建设中配有课件的科目可到中国医药科技出版社官网（www.cmstp.com）下载。

本套教材编写得到了教育部、国家食品药品监督管理总局和中国医药科技出版社全国高等医药教育教材工作专家委员会的相关领导、专家的大力支持和指导；得到了全国高等医药院校、部分医药企业、科研机构专家和教师的支持和积极参与，谨此，表示衷心地感谢！希望以教材建设为核心，为高等医药院校搭建长期的教学交流平台，对医药人才培养和教育教学改革产生积极的推动作用。同时精品教材的建设工作漫长而艰巨，希望各院校师生在教学过程中，及时提出宝贵的意见和建议，以便不断修订完善，更好地为药学教育事业发展和保障人民用药安全服务！

中国医药科技出版社

2014 年 7 月

全国普通高等中医药院校药学类
"十二五"规划教材书目

序号	教材名称	主编	单位
1	无机化学	杨怀霞	河南中医学院
		刘幸平	南京中医药大学
	无机化学实验	杨怀霞	河南中医学院
		刘幸平	南京中医药大学
	无机化学学习指导	杨怀霞	河南中医学院
		刘幸平	南京中医药大学
2	有机化学	赵骏	天津中医药大学
		杨武德	贵阳中医学院
	有机化学实验	赵骏	天津中医药大学
		杨武德	贵阳中医学院
	有机化学学习指导	赵骏	天津中医药大学
		杨武德	贵阳中医学院
3	分析化学	张梅	成都中医药大学
		池玉梅	南京中医药大学
	分析化学实验	池玉梅	南京中医药大学
4	仪器分析	容蓉	山东中医药大学
		邓赟	成都中医药大学
5	物理化学	张师愚	天津中医药大学
		夏厚林	成都中医药大学
	物理化学实验	张师愚	天津中医药大学
		陈振江	湖北中医药大学
6	生物化学	郑里翔	江西中医药大学
7	天然药物化学	董小萍	成都中医药大学
		罗永明	江西中医药大学
	天然药物化学实验	董小萍	成都中医药大学
		罗永明	江西中医药大学
8	药剂学	杨明	江西中医药大学
		李小芳	成都中医药大学
	药剂学实验	韩丽	成都中医药大学
9	药理学	曾南	成都中医药大学
		周玖瑶	广州中医药大学
	药理学实验	周玖瑶	广州中医药大学
		曾南	成都中医药大学
10	药事管理学	曾渝	海南医学院
		何宁	天津中医药大学
11	药物化学	许军	江西中医药大学
		严琳	河南大学
	药物化学实验	许军	江西中医药大学
		严琳	河南大学
12	药物分析	彭红	江西中医药大学
		文红梅	南京中医药大学

序号	教材名称	主编	单位
	药物分析实验	彭红	江西中医药大学
		吴虹	安徽中医药大学
13	中药化学	郭力	成都中医药大学
		康文艺	河南大学
	中药化学实验	郭力	成都中医药大学
		康文艺	河南大学
14	中药鉴定学	吴啟南	南京中医药大学
		朱华	广西中医药大学
	中药鉴定学实验	吴啟南	南京中医药大学
15	中药药剂学	傅超美	成都中医药大学
		刘文	贵阳中医学院
	中药药剂学实验	傅超美	成都中医药大学
		刘文	贵阳中医学院
16	中药分析学	张丽	南京中医药大学
		尹华	浙江中医药大学
	中药分析学实验	张丽	南京中医药大学
		尹华	浙江中医药大学
17	药用植物学	严铸云	成都中医药大学
		郭庆梅	山东中医药大学
18	生药学	李钦	河南大学
		陈建伟	南京中医药大学
19	中药栽培养殖学	张永清	山东中医药大学
		杜弢	甘肃中医学院
20	中药资源学	巢建国	南京中医药大学
		裴瑾	成都中医药大学
21	中药学	王建	成都中医药大学
		王诗源	山东中医药大学
22	制药工程原理与设备	周长征	山东中医药大学
	制药工程实训	周长征	山东中医药大学
23	中药炮制学	陆兔林	南京中医药大学
		胡昌江	成都中医药大学
	中药炮制学实验	陆兔林	南京中医药大学
		胡昌江	成都中医药大学
24	中药商品学	李峰	山东中医药大学
		蒋桂华	成都中医药大学
	中药商品学实验实训	李峰	山东中医药大学
		蒋桂华	成都中医药大学
25	中药药理学	彭成	成都中医药大学
		彭代银	安徽中医药大学
26	中药传统技能	田景振	山东中医药大学
27	实验室管理与安全	刘友平	成都中医药大学
28	理化基本技能训练	刘友平	成都中医药大学

　　本书是全国普通高等中医药院校药学类"十二五"规划教材之一，依照教育部相关文件和精神，根据本专业教学要求和课程特点，结合最新版《中国药典》和《药品生产质量管理规范》编写而成。

　　中药学、药学、制药工程、药物制剂等专业侧重实践操作技能，原有的实践教学是每一种制剂相对分散，没有形成一个完整的连锁，不能形成一个工程学的意识，较难适应制药企业对制药工程的需求。特别是中药制剂不是一个独立的单元操作，是由若干个单元操作组成的，也就是说由原料到中间体再到成品，包括了中药材的前处理、提取、制剂、包装、质量检验等。

　　本教材选用《中国药典》一部的五种中药常用的制剂：感冒清热颗粒、银黄口服液、安神胶囊、健胃消食片、六味地黄丸和《中华人民共和国卫生部药品标准》收载的咽立爽口含滴丸等，以大生产的形式进行工程设计、实验设计、生产出成品并进行质量控制。学生通过学习《制药工程实训》的内容，能够严格按照 GMP 的要求，从换鞋、更衣、净化消毒进入车间，从中药材的前处理、提取、精制、浓缩，到制剂、内外包装，再到质量控制等完全模拟制药厂的全部操作，再加上制剂车间和文件的管理，确认和验证，这就基本上包含了中药制药工程的全过程。

　　本教材共分 11 章，内容包括药品与 GMP，确认与验证，制剂车间的管理，制药工艺用水的制备与操作，中药前处理、提取、分离、蒸发、干燥工艺与操作，丸剂、滴丸剂、颗粒剂、胶囊剂、片剂、口服液体制剂制备工艺与操作等，保证学生完成制药厂特别是中药厂基本生产流程操作培训。

　　本教材主要供中医药院校中药学、药学、制药工程、药物制剂专业及相关专业教学使用，也可供制药行业从事研究、设计和生产的工程技术人员参考，作为医药行业考试与培训的参考用书。

　　由于编者水平有限，时间仓促，本教材在内容等方面尚有一些缺陷和不足，望读者批评指正。

编者
2015 年 2 月

CONTENTS

第一章 ▶ 绪 论

第一节 药品与 GMP

一、药品与药品质量

根据《中华人民共和国药品管理法》第一百零二条关于药品的定义，药品是指用于预防、治疗、诊断人的疾病，有目的地调节人的生理功能并规定有适应证或者功能主治、用法和用量的物质，包括中药材、中药饮片、中成药、化学原料药及其制剂、抗生素、生化药品、放射性药品、血清、疫苗、血液制品和诊断药品等。

从使用对象上说：药品是以人为使用对象，预防、治疗、诊断人的疾病，有目的地调节人的生理功能，有规定的适用证、用法和用量要求；从使用方法上说：除外观，患者无法辨认其内在质量，许多药品需要在医生的指导下使用，而不由患者选择决定。同时，药品的使用方法、数量、时间等多种因素在很大程度上决定其使用效果，误用不仅不能"治病"，还可能"致病"，甚至危及生命安全。所以，药品是关系人民生命安危的特殊商品，具有一般商品所没有的特性，就是表现出质量极其重要性。质量好的药品，可以治病救人，劣质的药品，轻则贻误病情，重则危及生命。国家通过法律对药品质量进行严格控制，以保证合格药品应用。

合格的药品必须具有以下特征。

（1）安全性　患者使用药品以后，不良反应小。

（2）有效性　患者使用药品后，对疾病能够起到治疗作用。

（3）稳定性　药品在有效期内，能够保持稳定，符合国家规定要求。

（4）均一性　药品的每一个最小使用单元成分含量是均一的。

（5）合法性　药品的质量必须符合国家标准，只有符合法定标准并经批准生产或进口、产品检验合格，方可销售、使用。

通常情况下，在药物上市和经济学评价中有四个关键，即安全、有效、质量、经济。其中，质量是最基础的指标和保证。药品生产是指将原料加工制备成能供医疗应用的形式的过程。药品生产是一个十分复杂的过程，从原料进厂到成品制造出来并出厂，涉及许多生产环节和管理，任何一个环节疏忽，都有可能导致药品质量的不合格。保证药品质量，必须在药品生产全过程进行控制和管理。

伴随着医药产业的发展，药品质量安全越来越为社会各界所关注，成为医药行业反映比较集中的头等问题。近年来，经过政府和企业的不懈努力，我国制药企业在提高药品质量上取得了一定成效。尤其 GMP 的推广与认证制度，在提高药品质量、增强我国制药企业全球竞争力等方面做出了卓越的成效。

必须从以下几个方面保障药品质量，防止潜在的质量风险。

（1）原料、药材的来源。把握好药材的来源，不使用假药、劣质药材，保障药物中有效成分及其含量，是生产合格药品的前提。

（2）严格控制卫生条件，建设优质的生产车间。从厂房的选址、设计到卫生细节的监管，是保证药品不被污染的基础。

（3）高水准的生产设备、生产工艺和操作流程。多采用机械化自动生产，减少人为接触，设计科学合理的生产布局，是保证药品质量的必要条件。

（4）高素质的企业员工。须经过严格的培训，懂得药品相关行业的规定，有相关经验。

（5）建立科学、完善的监督体制。

（6）严格的检验部门。把好药品出厂的最后一道关，是决定药品质量的直接条件。

对于提升药品质量来说，GMP 的修订无疑是一个契机。与国际接轨的新版 GMP，对企业提出了更高要求，也将成为行业结构调整及健康发展的助推器和加速器。

二、GMP 简介

（一）GMP 的产生

GMP 是英文 "Good Manufacturing Practice" 的缩写。中文译为 "药品生产质量管理规范" 也称 "良好的生产规范"。《药品生产质量管理规范》是药品生产和质量管理的基本准则，是世界各国对药品生产全过程监督管理普遍采用的法定技术规范。大力推行药品 GMP，是为了最大限度地避免药品生产过程中的污染和交叉污染，降低各种差错的发生，是提高药品质量的重要措施。

（二）我国 GMP 推进过程

世界卫生组织 20 世纪 60 年代中期开始组织制订药品 GMP，中国则从 20 世纪 80 年代开始推行。1982 年，中国医药工业公司参照一些先进国家的 GMP 制订了《药品生产管理规范》（试行稿），并开始在一些制药企业试行。

1988 年，根据《药品管理法》，卫生部颁布了我国第一部《药品生产质量管理规范》（1988 年版），作为正式法规执行。

1992 年，卫生部又对《药品生产质量管理规范》（1988 年版）进行修订，颁布了《药品生产质量管理规范》（1992 年修订）。

1998 年，国家药品监督管理局总结几年来实施 GMP 的情况，对 1992 年修订的 GMP 进行修订，于 1999 年 6 月 18 日颁布了《药品生产质量管理规范》（1998 年修订），1999 年 8 月 1 日起施行。

到 1999 年底，我国血液制品生产企业全部通过药品 GMP 认证；2000 年底，粉针剂、大容量注射剂实现全部在符合药品 GMP 的条件下生产；2002 年底，小容量注射剂药品实现全部在符合药品 GMP 的条件下生产。

通过一系列强有力的监督管理措施，我国监督实施药品 GMP 工作顺利实现了从 2004 年 7 月 1 日起所有的药品制剂和原料药均必须在符合 GMP 的条件下生产的目标，未通过认证的企业全部停产。

通过实施药品 GMP，我国药品生产企业生产环境和生产条件发生了根本性转变，制药工业总体水平显著提高。药品生产秩序的逐步规范,从源头上提高了药品质量,有力地保证了人民群众用药的安全有效,同时也提高了我国制药企业及药品监督管理部门的国际声誉。

2010 年,《药品生产质量管理规范(2010 年修订)》正式对外发布,并于 2011 年 3 月 1 日起施行。新版规范与世界卫生组织药品生产质量管理规范相一致,国家食品药品监督管理部门要求现有药品企业在 5 年内达到新规标准,否则停产。本次实施的新版 GMP 目的就是在原则上要与国际标准接轨,这样才能使得国内生产的医药产品更容易获得国外认可,利于国内医药企业产品的出口。

(三) GMP 主要内容

GMP 是指从负责药品质量控制的人员和生产操作人员的素质到药品生产厂房、设施、设备、生产管理、工艺卫生、物料管理、质量控制、成品储存和销售的一套保证药品质量的科学管理体系。其基本点是保证药品质量,防止差错、混淆、污染和交叉污染。

现行 GMP 包括总则、质量管理、机构与人员、厂房与设施、设备、物料与产品、确认与验证、文件管理、生产管理、质量控制与质量保证、委托生产与委托检验、产品发运与召回、自检及附则,共 14 章 313 条。主要的内容概括起来有以下几个方面:合适的生产厂房、设施、设备;合适的原辅料和包装材料;经过验证的生产方法和生产工艺;训练有素的生产人员、管理人员;完善的售后服务;严格的管理制度。

新版药品 GMP 修订的主要特点包括:加强药品生产质量管理体系建设,细化对构建实用、有效质量管理体系的要求,强化药品生产关键环节的控制和管理,以促进企业质量管理水平的提高;全面强化从业人员的素质要求,如明确药品生产企业的关键人员包括企业负责人、生产管理负责人、质量管理负责人、质量受权人等必须具有的资质和应履行的职责;细化操作规程、生产记录等文件管理规定,增加指导性和可操作性;在药品安全保障措施方面,还引入质量风险管理概念,在原辅料采购、生产工艺变更、操作中的偏差处理、发现问题的调查和纠正、上市后药品质量的监控等方面,增加了供应商审计、变更控制、纠正和预防措施、产品质量回顾分析和措施,对各个环节可能出现的风险进行管理和控制,主动防范质量事故的发生。

新版 GMP 对无菌生产的要求大幅提高。具体而言,包括环境控制与国际要求达到基本一致;对层流、关键操作控制区采用国际通用分区和控制标准;将先进的隔离操作技术、吹灌封技术首次列入规范,对无菌保证水平、无菌检查等提出详细和具体的要求;在无菌验证的要求上与国际上完全保持一致。自 2011 年 3 月 1 日起,新建药品生产企业、药品生产企业新建(改、扩建)车间应符合新版药品 GMP 的要求。现有药品生产企业将给予不超过 5 年的过渡期,并依据产品风险程度,按类别分阶段达到新版药品 GMP 的要求。

三、制剂生产与 GMP

(一) GMP 对厂房与设施、设备要求

厂房的选址、设计、布局、建造、改造和维护必须符合药品生产要求,应当能够最大限度地避免污染、交叉污染、混淆和差错,便于清洁、操作和维护。应当根据厂

房及生产防护措施综合考虑选址，厂房所处的环境应当能够最大限度地降低物料或产品遭受污染的风险。

1. 厂址选择　新建药厂或易地改造项目均需进行此项工作。选择时严格按国家的有关规定、规范执行，遵循有利生产、方便生活、节省投资、环保等原则，厂址应设在自然环境好、水源充足、水质符合要求、空气污染小、动力供应有保证、交通便利、适宜长远发展的地区。设置有洁净室（区）的厂房与交通主干道间距宜在50m以上。

2. 厂区总体规划　厂区、行政、生活和辅助区总体布局合理，不得互相妨碍。总体原则是：流程合理，卫生可控，运输方便，道路规整，厂容美观。

洁净厂房和与之相关的建筑组成生产区，一般生产区厂房、仓储、锅炉房、三废处理站等组成辅助区，办公楼等行政用房、食堂、普通浴室等生活设施组成行政和生活区。各区布局和设置，除符合相应功能要求外，还应做到划分明确，易于识别，间隔清晰，衔接合理，组合方便，并且所占面积比例恰当。

3. 生产厂房布局　为降低污染和交叉污染的风险，厂房、生产设施和设备应当根据所生产药品的特性、工艺流程及相应洁净度级别要求合理设计、布局和使用。生产厂房包括一般生产区和有空气洁净级别要求的洁净室（区），应符合GMP要求。一般遵循以下原则。

（1）厂房按生产工艺流程及所要求的洁净级别合理布局，做到人流、物流分开，工艺流畅，不交叉，不互相妨碍。

（2）制剂车间除具有生产的各工艺用室外，还应配套足够面积的生产辅助用室，包括有原料暂存室（区）、称量室、备料室，中间品、内包装材料、外包装材料等各自暂存室（区）、洁具室、工具清洗间、工具存放间，工作服的洗涤、整理、保管室，并配有制水间，空调机房，配电房等。高度一般2.7m左右。

（3）在满足工艺条件的前提下，洁净级别高低房间按以下原则布置。

①洁净级别高的洁净室（区）宜布置在人员较少到达的地方。

②不同洁净级别要求的洁净室（区）宜按洁净级别等级要求的高低由里向外布置，并保持空气洁净级别不同的相邻房间的静压差大于10Pa，洁净室（区）与室外大气的静压差应大于10Pa，并有指示压差的装置。

③空气洁净级别相同的洁净室（区）宜相对集中。

④一般洁净室温度控制在18℃～26℃，相对湿度45%～65%。

4. 厂房设施

（1）厂房应有人员和物料净化系统。

（2）洁净室内安装的水池、地漏不得对药物产生污染。

（3）洁净室（区）与非洁净室（区）之间应设置缓冲设施，人流、物流走向合理。

（4）厂房必要时应有防尘装置。

（5）厂房应有防止昆虫和其他动物进入的设施。

5. 制剂生产设备　设备是药品生产中将物料转化成产品的工具和载体。药品质量的最终形成通过生产而完成，也就是药品生产质量的保证很大程度上依赖设备系统的支持，故而设备的设计、选型、安装显得极其重要，应满足工艺流程，方便操作和维护，有利于清洁，具体要求如下。

（1）设备的设计、选型、安装、改造和维护必须符合预定用途，应当尽可能降低产生污染、交叉污染、混淆和差错的风险，便于操作、清洁、维护，以及必要时进行的消毒或灭菌。

（2）生产设备不得对药品质量产生任何不利影响。与药品直接接触的生产设备表面应当平整、光滑，无死角及砂眼，易于清洗、消毒和灭菌，耐腐蚀，不与药物发生化学反应，不释放微粒，不吸附药物，消毒和灭菌后不变形、不变质，设备的传动部件要密封良好，防止润滑油、冷却剂等泄漏时对原料、半成品、成品和包装材料造成污染。

（3）生产中产尘量大的设备（如粉碎、过筛、混合、干燥、制粒、包衣等设备）应设计或选用自身除尘能力强、密封性能好的设备，必要时局部加设防尘、捕尘装置设施。

（4）与药物直接接触气体（干燥用空气、压缩空气、惰性气体）均应设置净化装置，净化后气体所含微粒和微生物应符合规定空气洁净度要求，排放气体必须滤过，出风口应有防止空气倒灌装置。

（5）纯化水、注射用水的制备、储存和分配应能防止微生物的滋生和污染。贮罐和输送管道所选材料应无毒、耐腐蚀。管道的设计和安装应避免死角、盲管。贮罐和管道应规定清洗、灭菌周期。

（6）对传动机械的安装应增加防震、消音装置，改善操作环境，一般做到动态测试时，洁净室内噪声不得超过70dB。

（7）应当按照详细规定的操作清洁生产设备，清洁的操作应当规定具体而完整的清洁方法、清洁用设备或工具、清洁剂的名称和配制方法、去除前一批次标识的方法、保护已清洁设备在使用前免受污染的方法、已清洁设备最长的保存时限、使用前检查设备清洁状况的方法，使操作者能以可重现的、有效的方式对各类设备进行清洁。

如需拆装设备，还应当规定设备拆装的顺序和方法；如需对设备消毒或灭菌，还应当规定消毒或灭菌的具体方法、消毒剂的名称和配制方法。必要时，还应当规定设备生产结束至清洁前所允许的最长间隔时限。

（8）主要固定管道应当标明内容物名称和流向。

（9）凡生产、加工、包装下列特殊药品的设备必须专用。

①青霉素类等高致敏性药品。

②避孕药品。

③β-内酰胺结构类药品。

④放射性药品。

⑤卡介苗和结核菌素。

⑥激素类、抗肿瘤类化学药品应避免与其他药品使用同一设备，不可避免时，应采用有效的防护措施和必要的验证。

⑦生物制品生产过程中，使用某些特定活生物体阶段，要求设备专用。

⑧芽孢菌操作直至灭活过程完成之前必须使用专用设备。

⑨以人血、人血浆或动物脏器、组织为原料生产的制品。

⑩毒性药材和重金属矿物药材。

（10）制药设备安装、保养操作，不得影响生产及质量（包括距离、位置、设备控制工作台的设计等应符合人体工程学原理）。

（11）制药设备应定期进行清洗、消毒、灭菌，清洗、消毒、灭菌过程及检查应有记录并予以保存。无菌设备的清洗，尤其是直接接触药品的部位必须灭菌，并标明灭菌日期，必要时要进行微生物学检验。经灭菌的设备应在3天内使用。某些可移动的设备可移到清洗区进行清洗、灭菌。同一设备连续加工同一无菌产品时，每批之间要清洗灭菌；同一设备加工同一非灭菌产品时，至少每周或每生产3批后要按清洗规程全面清洗一次。

（12）设备的管理　药品生产企业必须配备专职或兼职设备管理人员，负责设备的基础管理工作，建立健全相应的设备管理制度。

①所有设备、仪器仪表、衡器必须登记造册，内容包括生产厂家、型号、规格、生产能力、技术资料（说明书，设备图纸，装配图，易损件，备品清单）。

②应建立动力管理制度，对所有管线、隐蔽工程绘制动力系统图，并有专人负责管理。

③设备、仪器的使用，应指定专人制定标准操作规程（SOP）及安全注意事项，操作人员需经培训、考核，考核合格后方可操作设备。

④要制定设备保养、检修规程（包括维修保养职责、检查内容、保养方法、计划、记录等），检查设备润滑情况，确保设备经常处于完好状态，做到无跑、冒、滴、漏。

⑤保养、检修的记录应建立档案并由专人管理，设备安装、维护、检修的操作不得影响产品的质量。

⑥不合格的设备如有可能应搬出生产区，未搬出前应有明显标志。

制剂生产的设施与设备应定期进行验证，以确保生产设施与设备始终能生产出符合预定质量要求的产品。

（二）GMP对生产卫生要求

1. 概述　"卫生"在GMP中是指生产过程中使用的物料和产品以及过程保持洁净。包括：环境卫生、工艺卫生和人员卫生。

实施GMP的基本目的就是为了防止差错、混淆、污染和交叉污染，保证药品质量。在GMP中，可以认为"当一个药品中存在有不需要的物质或当这些物质的含量超过规定限度时，则这个药品受到了污染"。根据污染来源不同，可将其分为尘埃污染、微生物污染、遗留物污染。

尘埃污染是指产品因混入其他尘粒变得不纯净，包括尘埃、污物、棉绒、纤维及人体身上脱落皮屑、头发等。

微生物污染是指由微生物及其代谢物所引起的污染。

遗留物污染是指生产中使用设施设备、器具、仪器等清洁不彻底致使上次生产的遗留物对药品生产造成污染。

无论是以上哪一种污染，都是需要通过一定介质进行传播，主要有如下几种。

①空气　空气中含有尘埃，进入生产过程每个角落，对产品产生污染。

②水　水是制药过程不可缺少的物质，又是微生物生存必需物质，由于水来源不

同、处理不当、输送等对产品造成污染。

③表面 生产过程使用各种设施、设备、器具、仪器等存在表面，这些表面的洁净程度可能对产品产生影响。

④人员 人是药品生产的操作者，每天生产操作必须进入洁净操作间，对各生产设施设备、器具、仪器进行操作及使用，人本身就是一个带菌体和微粒产生源，所以人是污染最主要的传播媒介。

2. 生产操作间卫生 生产操作间应保持清洁，并针对各洁净级别的具体要求制定相应清洁标准。所用清洁剂及消毒剂应经过质量保证部门确认，清洁及消毒频率应能保证相应级别室的卫生环境要求，清洁和消毒可靠性应进行必要验证。

（1）空气洁净度 药品生产洁净室（区）的空气洁净度划分为四个级别，即A级、B级、C级、D级。例如无菌药品生产所需的洁净度可以分为以下四个级别。A级：高风险操作区，如灌装区，放置胶塞桶、敞口安瓿、敞口西林瓶的区域。连接操作的区域，通常用层流操作台（罩）来维持该区的环境状态，层流系统在其工作区域必须均匀送风，风速为 0.36～0.54m/s（指导值），应有数据证明层流的状态并需验证，在密闭操作器或手套箱内，可使用单向流或较低的风速。B级：指无菌配制和灌装等高风险操作A级区所处的背景区域。C级和D级：指生产无菌药品过程中重要程度较低的洁净操作区。

各级别空气悬浮粒子及微生物数目的标准规定参见表1-1和表1-2，洁净室环境应定期监测，监测点一般设在洁净级别不同的相邻室、有洁净级别要求和没有洁净级别要求的室外、根据工艺要求对药品质量有影响的关键岗位，并定期对空气滤过器进行清洁（表1-3），确保空气洁净度符合生产要求。各种药品生产环境对应的空气洁净度级别见表1-4、表1-5。

表1-1 洁净室（区）的空气洁净度级别

洁净度级别	悬浮粒子最大允许数/立方米			
	静态		动态(3)	
	≥0.5μm	≥5μm(2)	≥0.5μm	≥5μm
A级(1)	3520	20	3520	20
B级	3520	29	352000	2900
C级	352000	2900	3520000	29000
D级	3520000	29000	不作规定	不作规定

注：（1）为了确定A级区的级别，每个采样点的采样量不得少于1m³。A级区空气尘埃粒子的级别为ISO 4.8，以≥0.5μm的尘粒为限度标准。B级区（静态）的空气尘埃粒子的级别为ISO 5，同时包括表中两种粒径的尘粒。对于C级区（静态和动态）而言，空气尘埃粒子的级别分别为ISO 7和ISO 8。对于D级区（静态）空气尘埃粒子的级别为ISO 8。测试方法可参照ISO14644-1。

（2）在确认级别时，应使用采样管较短的便携式尘埃粒子计数器，以避免在远程采样系统长的采样管中≥5.0μm尘粒的沉降。在单向流系统中，应采用等动力学的取样头。

（3）可在常规操作、培养基模拟灌装过程中进行测试，证明达到了动态的级别，但培养基模拟试验要求在"最差状况"下进行动态测试。

表1-2 洁净区微生物监测的动态标准

洁净级别	浮游菌 cfu/m³	沉降菌（φ 90mm） cfu /4h[2]	表面微生物	
			接触碟（φ 55mm） cfu /碟	5 指手套 cfu /手套
A 级	<1	<1	<1	<1
B 级	10	5	5	5
C 级	100	50	25	–
D 级	200	100	50	–

注：（1）表中各数值均为平均值。
（2）单个沉降碟的暴露时间可以少于 4 小时，同一位置可使用多个沉降碟连续进行监测并累积计数。

表1-3 空气滤过器清洗更换周期表（两班生产情况下）

空气洁净度级别	初效空气滤过器★	中效空气滤过器★	高效空气过滤器★
A	每周	每月	发现下列情况应更换：
B	每周	每2个月	1. 气流速度降到最低速度，更换初、中效滤过器也不见效；
C	每月	每3个月	2. 出风量为原风量70%； 3. 出现无法修补的渗漏；
D	每月	每3个月	4. 一般情况下 1~2 年更换一次。

★在污染大的情况下应缩短空气滤过器更换周期。

表1-4 非无菌药品及原料药生产环境的空气洁净度级别

药品种类		洁净级别
栓剂	除直肠用药外的腔道用药	暴露工序：C 级
	直肠用药	暴露工序：D 级
口服液体药品	非最终灭菌	暴露工序：C 级
	最终灭菌	暴露工序：D 级
外用药品	深部组织创伤和大面积体表创面用药	暴露工序：C 级
	表皮用药	暴露工序：D 级
眼用药品	供角膜创伤或手术用滴眼剂	暴露工序：B 级
	一般眼用药品	暴露工序：C 级
口服固体药品		暴露工序：30 级
原料药	药品标准中有无菌检查要求	局部 A 级
	其他原料药	D 级

表1-5 无菌药品及生物制品生产环境的空气洁净度级别

药品种类		洁净度级别
可灭菌小容量注射液 （<50ml）	浓配、粗滤	C 级
	稀配、精滤、灌封	B 级
可灭菌大容量注射液 （>50ml）	浓配	C 级
	稀配、滤过	非密闭系统：B 级 密闭系统：C 级
	灌封	局部 A 级

续表

药品种类	洁净度级别	
非最终灭菌的无菌药品及生物制品	配液	不需除菌滤过：局部 A 级 需除菌滤过：B 级
	灌封、分装，冻干、压塞	局部 A 级
	轧盖	C 级

（2）工作场所的墙壁、地面、天花板、桌椅、设备及其他操作工具表面应进行清洁和消毒，清洁频率取决于该区洁净级别及生产活动情况，根据环境监控结果确定清洁次数及根据实际情况做出适当调整（表 1-6）。

表 1-6　工作场所清洁次数

A 级	至少每天一次或更换产品前对地板、墙面、设备和内窗进行清洁； 至少每月一次墙面清洁；至少每年 4 次进行全面清洁
B 级	至少每天 1 次或更换品种前对地板、洗涤盆和水池进行清洁； 至少每周或更换品种前对墙面、设备和内窗进行清洁； 至少一个月进行 1 次全面清洁
C 级/D 级	至少每天 1 次或更换品种前对地板、洗涤盆和水池进行清洁； 至少一个月或更换品种前对墙面、设备和内窗进行清洁； 至少每年进行 1 次全面清洁

注：全面清洁是指除日常清洁项目外，增加清洁空调系统进、出风口。

（3）洁具和清洁剂　每个清洁区配备各自清洁设备，清洁设备应贮藏在有规定洁净级别的专用房间，房间应位于相应级别洁净区内并有明显标记。进入洁净区清洁用具均需进行灭菌，清洁用具应按规定进行清洗、消毒，一般做到以下几点。

①B 级/C 级　每次用清洁剂洗涤，干燥、消毒后装好备用；

②A 级　每次用清洁剂洗涤，干燥、高压灭菌包装好备用。

（4）消毒和消毒剂　消毒是指用物理或化学等方法杀灭物体上或介质中的病原微生物的繁殖体的过程。消毒剂是指用于消毒的化学药品。

厂房、设备、器具选用消毒剂原则如下。

①使用条件下高效、低毒、无腐蚀性、无特殊臭味和颜色。

②不对设备、物料产生污染。

③消毒浓度下，易溶或混溶于水，与其他消毒剂无配伍禁忌。

④能保障使用者安全与健康。

⑤价廉、来源广。

使用消毒剂应注意以下几点。

①消毒剂浓度与实际消毒效果密切相关，应按规定准确配制。

②稀释的消毒剂应存放于洁净容器内，储存时间不应超过储存期。

③A 级洁净室及无菌操作室内应使用无菌消毒剂及清洁剂。

④为避免产生耐药菌株，保证杀菌效果，应定期更换消毒剂品种。

⑤定期对消毒剂消毒效果进行验证。

第二节　药品生产过程实施 GMP 的有关文件

新版 GMP 所指的文件包括质量标准、工艺规程、操作规程、记录、报告等。质量标准包括物料、成品、中间产品和待包装产品的质量标准。工艺规程是为生产特定数量的成品而制定的一个或一套文件，包括生产处方、生产操作要求和包装操作要求，规定原辅料和包装材料的数量、工艺参数和条件、加工说明（包括中间控制）、注意事项等内容。操作规程（SOP）是经批准用来指导设备操作、维护与清洁、验证、环境控制、取样和检验等药品生产活动的通用性文件，也称标准操作规程。每批药品应当有批记录，包括批生产记录、批包装记录、批检验记录和药品放行审核记录等与本批产品有关的记录，批记录应当由质量管理部门负责管理，至少保存至药品有效期后 1 年。质量标准、工艺规程、操作规程、稳定性考察、确认、验证、变更等其他重要文件应当长期保存。

一、生产过程中主要标准文件

生产过程中主要标准文件有生产工艺规程、岗位操作法和标准操作规程（SOP）等。

（一）生产工艺规程

生产工艺规程规定为生产一定数量成品所需原辅料和包装材料的数量，以及工艺、加工说明、注意事项，包括生产过程中控制的一个或一套文件。内容包括：品名，剂型，处方，生产工艺的操作要求，中间品，成品的质量标准和技术参数及储存的注意事项，理论收得率，收得率和实际收得率的计算方法、成品的容器，包装材料的要求等。制定生产工艺规程的目的是为了药品生产各部门提供必须共同遵守的技术准则，确保每批药品尽可能与原设计一致，且在有效期内保持规定的质量。

（二）岗位操作法

岗位操作法是对各具体生产操作岗位的生产操作、技术、质量等方面所作的进一步详细要求，是生产工艺规程的具体体现。具体包括：生产操作法，重点操作复核、复查，半成品质量标准及控制规定，安全防火和劳动保护，异常情况处理和报告，设备使用、维修情况，技术经济指标的计算，工艺卫生等。

（三）标准操作规程（SOP）

标准操作规程是指经批准用以指示操作的通用性文件或管理办法。是对某一项具体操作的书面指令，是组成岗位操作法的基础单元，主要是操作的方法及程序。生产标准文件不得随意更改，生产过程应严格执行。

二、标准操作规程（SOP）

（一）SOP 的分类

（1）生产 SOP　描述产品制造过程中与各工序实际操作有关的详细具体的工作，这类文件主要由生产车间起草编写。车间生产操作 SOP 具体称为工序生产操作规程和工序清场操作规程，前者包括岗位操作法和岗位 SOP 两方面的内容。

（2）检验 SOP　描述原辅料、包装材料、工艺用水、中间品、成品检验过程中有关的详细、具体的工作。在文件体系中，这类文件主要由质量检验部起草编写。

（3）设备 SOP　描述生产、检验仪器设备的使用方法和步骤、注意事项等，这类文件主要由设备部起草编写。

（4）设备维修保养 SOP　描述生产、检验仪器设备的维护保养方法、程序、维护保养校验时间和频次、所使用的润滑剂等，由设备部起草编写。设备 SOP 和设备维护保养 SOP 在文件中可统称为仪器设备的使用和维修保养操作规程。

（5）环境监测和质量监控 SOP　描述洁净室（区）温湿度、风量风速、空气压力、尘埃粒子、沉降菌监测方法、所要达到的标准、监测位置和频次以及质量保证部对于药品生产各个环节如物料、生产各工序的监控方法和程序。由质量保证部起草编写。

（6）清洁 SOP　描述各种设备设施、容器具的清洁方法和程序、所要达到的标准、间隔时间、使用的清洁剂或消毒剂，清洁工具的清洁方法和存放地点，以保证产品生产和检验过程中不被污染或混淆。在文件体系中，这类文件主要由管理文件的实施部门起草编写。

（二）SOP 编写原则

所有要求记录在与生产有关的制造、检验文件中的操作均以 SOP 的形式描述。对 SOP 的每一个步骤的表述应清晰、简明、准确，同时，要求文件形式完整，所有的 SOP 类文件必须保持一致性。SOP 的编制人员必须是熟悉了解所描述程序的技术人员或管理人员，SOP 编写完成后必须经各个相关部门或相关操作者讨论后，并经该部门负责人审核、经各主管副总经理批准后才能颁布执行。

（三）SOP 的格式和内容

所有的标准操作规程均采用统一的编写格式。

每个 SOP 均需要有如下标题的部分。

（1）目的　解释写本 SOP 的目的和主题内容。

（2）范围　说明本 SOP 主要适用于哪些产品和/或岗位。

（3）职责　SOP 中负责操作的责任人，或与执行过程组织有关的管理责任人。

（4）操作步骤/操作指示/要求内容　这是 SOP 的主体内容，生产操作和清洁操作 SOP 应在此详细说明 SOP 的具体操作步骤、方法、技术指标、注意事项等，在具体编写时可根据具体情况把这一项分解成各个单元内容的若干小项，以便清楚地描述整个过程。检验 SOP 应说明所用仪器、试药、原理、方法步骤、计算公式、允许偏差、结果判定、检验操作注意事项。

（5）安全注意事项　主要描述在 SOP 中需要注意的安全内容。

（四）SOP 的审核、批准和管理

本项目描述本文件是由何人、何时进行的审核和批准工作。通常每个 SOP 都要由本部门的负责人审核，最后经公司主管该项工作的副总经理签字批准，以保证该文件符合国家法规和公司内部已经建立的制度和文件。

质量保证部负责全公司的 SOP 文件的管理，负责 SOP 的保存、分发和修订管理。当 SOP 中涉及到影响其正确使用的因素如工艺操作和质量控制方法发生变更时，SOP 要随着改变。否则，每两年更新一次。颁发部门即为 SOP 的管理部门。分发部门是指与本 SOP 的实施和管理有关的部门，这些部门将得到由质量保证部拷贝的正式复印件。

第二章 ▶ 确认与验证

第一节 概 述

一、确认与验证的定义和内容

（一）确定与验证的定义

验证就是证明任何程序、生产过程、设备、物料、活动或系统确实能达到预期结果的有文件证明的一系列活动。美国 FDA 在 1976 年提出对药品生产过程进行验证的措施，并于 1987 年发布了药品生产过程（工艺）验证总则指南。我国 1992 年版《药品生产质量管理规范》分别在灭菌设备、无菌制剂的灌装设备、自动化或程控设备等条款提出验证的规定。

在 2010 年修订版中将确认与验证正式列为一章，并规定了确认与验证的内容如下。

药品生产企业应当确定需要进行的确认或验证工作，以证明有关操作的关键要素能够得到有效控制，确认或验证的范围和程度应当经过风险评估来确定。

企业的厂房、设施、设备和检验仪器经过确认，应当采用经过验证的生产工艺、操作规程和检验方法进行生产、操作和检验，并保持持续的验证状态。

设计确认应当证明厂房、设施、设备的设计符合预定用途和本规范要求；安装确认应当证明厂房、设施、设备的建造和安装符合设计标准；运行确认应当证明厂房、设施、设备的运行符合设计标准；性能确认证明厂房、设施、设备在正常操作方法和工艺条件下能够持续符合标准；工艺验证应当证明一个生产工艺按照规定的工艺参数能够持续生产出符合预定用途和注册要求的产品。

采用新的生产处方或生产工艺前，应当验证其常规生产的适用性。生产工艺在使用规定的原辅料和设备条件下，能够始终生产出符合预定用途和注册要求的产品。当影响产品质量的主要因素，如原辅料、与药品直接接触的包装材料、生产设备、生产环境（或厂房）、生产工艺、检验方法等发生变更时，进行确认或验证。必要时，应经药品监督管理部门批准。

清洁方法经过验证，证实其清洁的效果，以有效防止污染和交叉污染。清洁验证综合考虑设备使用情况、所使用的清洁剂和消毒剂、取样方法和位置以及相应的取样回收率、残留物的性质和限度、残留物检验方法的灵敏度等因素。

确认和验证不是一次性的行为。首次确认或验证后，根据产品质量回顾分析情况进行再确认或再验证。关键的生产工艺和操作定期进行再验证，确保其能够达到预期结果。

企业制定验证总计划，以文件形式说明确认与验证工作的关键信息。验证总计划或其他相关文件中应当作出规定，确保厂房、设施、设备、检验仪器、生产工艺、操作和检验方法等能够保持持续稳定。根据确认或验证的对象制订确认或验证方案，并经审核、批准。确认或验证方案应当明确职责。确认或验证按照预先确定和批准的方案实施，并有记录。确认或验证工作完成后，写出报告，并经审核、批准。确认或验证的结果和结论（包括评价和建议）有记录并存档。根据验证的结果确认工艺和操作。

《药品生产质量管理规范》对验证有以下四点要求。

（1）药品生产验证应包括厂房、设施及设备安装确认、运行确认、性能确认、清洁方法验证和产品验证。

（2）产品的生产工艺及关键设施、设备应按验证方案进行验证。当影响产品质量的主要因素，如工艺、质量控制方法、主要原辅料、主要生产设备等发生改变时，以及生产一定周期后，应进行再验证。

（3）应根据验证对象提出验证项目，制订验证方案，并组织实施。验证工作完成后应写出验证报告，由验证工作负责人审核、批准。

（4）验证过程中的数据和分析内容应以文件形式归档保存。验证文件应包括验证方案、验证报告、评价和建议、批准人等。

（二）验证的内容

验证的内容涉及影响药品质量的各种因素，产品的全部验证工作包括以下四方面。

（1）厂房、设施及设备的验证。

①厂房　布局和内表面应达到 GMP 要求。

②空气净化系统　洁净区生产环境指标如温度、相对湿度、压力、风量、尘埃粒子数和微生物要达到规定要求。

③工艺用水系统　纯化水和注射用水的理化性质、微生物数和热原应达到药典的要求，包括制备过程、储存及输送系统。

④高纯气体系统　氮气、二氧化碳纯度，其中的微粒、微生物数。

⑤关键工序设备　对能够影响产品质量的关键操作工序的设备及安装进行确认，如选型、安装位置、基本功能、测试仪表等。

⑥设备、管路清洗　清洗液、洗涤剂残留或微生物数达到清洗要求。

（2）检验方法的验证　指质量检查和计量部门对生产和验证所涉及的仪器、仪表、分析测试方法、取样方法、热原测试、无菌检验、检定菌等进行有效的验证。

（3）生产过程验证　在对生产的支持系统验证（确认）后，对生产线所在生产环境及装备的局部或整体功能、检验方法及生产的工艺验证，以确证该生产过程（工序）是有效的，而且有重现性。生产的工艺验证指凡能对产品质量产生差异和影响的重大生产工艺条件都应经过验证，包括最差的条件。

（4）产品验证　对每个品种进行全过程的投料验证，以证明产品符合预定的质量标准。

《药品生产质量管理规范》对药品生产过程的验证内容规定必须包括以下 7 项内容。

①空气净化系统验证。

②工艺用水系统验证。

③生产工艺及其变更验证。

④设备清洗验证。

⑤主要原辅料变更验证。

⑥灭菌设备验证（对无菌药品生产）；

⑦药液滤过及灌封或分装系统验证（对无菌药品生产）。

二、设施及设备的验证

设施、设备验证目的是对设计、选型、安装及运行等进行检查，安装后进行试运行以证明设施、设备达到设计要求及规定的技术指标。然后进行模拟生产试机，证明该设施、设备能够满足生产操作需要，而且符合工艺标准要求。设施验证项目包括空气净化系统、工艺用水系统、高纯气体系统。设备验证项目应选择影响药品质量的关键工序进行验证。关键工序是指可能引起最终产品质量变化的关键操作和设备。无菌药品生产关键工序包括灭菌设备、药液配制设备、药液滤过设备、洗瓶设备、灌封或分装设备、冷冻干燥设备、管道清洗处理效果等。非无菌药品生产关键工序，对低剂量的片剂和胶囊剂，与药物含量一致性有关的混合和制粒过程应作为重点验证；对一般的片剂和胶囊剂，与质量一致性有关的压片和胶囊充填也要验证。

药品生产验证采用分阶段验证形式，即将验证方案分为安装确认、运行确认、性能确认和产品验证等 4 个阶段。按各阶段验证的对象又可将前 3 项归纳为设备验证，所以药品生产验证可归纳为设备验证和产品验证两方面。有的在最开始增加一项预确认，所以设备验证又可以分为 4 个阶段。

（一）预确认

预确认即设计确认，通常指对欲订购设备技术指标适用性的审查及对供应商的选定。预确认是从设备的性能、工艺参数、价格方面考查，对工艺操作、校正、维护保养、清洗等是否合乎生产要求，主要考虑因素有以下几方面。

（1）设备性能如速度、装量范围等。

（2）符合 GMP 要求的材质。

（3）便于清洗的结构。

（4）设备零件、仪器仪表的通用性和标准化程度。

（5）合格的供应商。

（二）安装确认

安装确认是指机器设备安装后进行的各种系统检查及相关技术资料文件化的工作。安装确认的目的在于保证工艺设备和辅助设备在操作条件下性能良好，能正常持续运行，并检查影响工艺操作的关键部位，用这些测得的数据制定设备的校正、维护保养和编制标准操作规程草案。安装确认有以下主要内容。

（1）设备的安装地点及整个安装过程符合设计和规范要求。

（2）设备上计量仪表、记录仪、传感器应进行校验并制定校验计划、制定校验仪器的标准操作规程。

（3）列出备件清单。

（4）制定设备保养规程及建立维修记录。

（5）制定清洗规程。

（三）运行确认

运行确认是指为证明设备达到设定要求而进行的运行试验。运行确认是根据标准操作规程草案对设备整体及每一部分进行空载试验来确认该设备能在要求范围内准确运行并达到规定的技术指标。其间主要考虑因素有以下几方面。

（1）标准操作规程草案的适用性。

（2）设备运行的稳定性。

（3）设备运行参数的波动性。

（4）仪表的可靠性。

（四）性能确认

性能确认是指模拟生产试验。它一般先用空白料试车以初步确定设备的适用性。对简单和运行稳定的设备可依据产品特点直接采用物料进行验证。性能确认主要考虑以下因素。

（1）进一步确认运行确认过程中考虑的因素。

（2）对产品物理外观质量的影响。

（3）对产品内在质量的影响。

三、产品验证

产品验证是指在特定监控条件下的试生产。试生产可分为模拟试生产和产品试生产两个步骤。产品验证前应进行原辅料验证、检验方法验证，然后按生产工艺规程进行试生产，这是验证工作的最后阶段也是对前面各项验证工作的各项考查。验证中应按已制定的验证方案，详细记录验证中工艺参数及条件，并进行半成品抽样检验，对成品不仅做规格检验还需做稳定性考查。验证进行时必须采用经过验证的原辅料和经过验证的生产处方。产品验证应至少进行3批，其间应验证生产处方和生产操作规程的可行性和重现性，并根据试生产情况调整工艺条件和参数，然后制定切实可行的生产处方和生产操作规程并移交正式生产。

四、再验证

再验证是指一项工艺、一个过程、一个系统、一个设备或一种材料已经过验证并运行一个阶段后进行的，旨在证实已验证的状态没有产生漂移而进行的验证。关键工序特别需要定期验证。再验证可分为两种类型，一是生产条件（如原料、包装材料、工艺流程、设备、控制仪表、生产环境、辅助系统等）发生变化对产品质量可能产生影响所进行的再验证；另一是在计划时间间隔内所进行的定期再验证。

在下列情况下需进行再验证。

（1）关键设备进行大修或主要设备零件更换。

（2）批量的规模有很大的变更。

（3）趋势分析中发现有系统性偏差。

（4）生产操作有关规程的变更。

（5）程控设备经过一定时间运行。

（6）起始原料如含量、物理性质发生变化。

（7）化验仪器、检测试剂等影响检测方法的因素发生变化。

所有剂型的关键工序均必须进行定期再验证，如产品的灭菌柜，正常情况下每年须做1次再验证；无菌药品的分装每年至少应作2次再验证。

五、工艺验证

（一）生产工艺验证的内容

工艺验证是指与加工产品有关的工艺过程的验证。其目的是证实某一工艺过程确实能始终如一地生产出符合预定规格及质量标准的产品。工艺验证是以工艺的可靠性和重现性为目标，即在实际的生产设备和工艺卫生条件下，用试验来证实所设定的工艺路线和控制参数能够确保产品的质量。

凡对中间产品或成品的质量性能造成差异的生产工序、设备、分析方法等均应列为验证的内容。要用数据正确控制生产工序，使每一环节处于正常状态，使产品性能符合设计目标。采用一切新的工艺处方和方法或对老工艺改动时，均应进行验证，以证明该工艺符合质量要求。

新引进的设备及仪器启用前，要确认是否达到原设计的技术参数。在同时使用数台设备生产同一批号的同一产品时，要验证几台设备是否具有同一性能。对操作人员的技术水平及熟练程度，要验证其操作的正确性。主要原材料供应渠道发生变化时，要验证其是否符合原制定的质量标准。称量、测量器具要首先确认其标准性。

（二）生产工艺验证的程序

生产部组织有关人员制定验证方案，包括验证的工艺名称、目的、要求、所采用的操作SOP、质量标准、实施条件、方法、取样和检验方法、时间等；一个新产品的工艺验证，至少需要3个批号的系统数据。

总工程师审查验证方案的完整性及检验规格与质量标准吻合的一致性，并由批准人签名。

生产部组织有关人员按制定的验证方案实施验证。验证方案通过后，指定实施验证方案的全体工作人员即验证工作组，必须不折不扣进按验证方案的要求实施。所有验证过程中使用的仪器、仪表应当校验。记录在验证试验中所得的原始数据。如验证方案中有原则性的修订，应有验证领导小组批准同意。验证方案的实施，必须应有3次相同条件下的试验及数据。

收集、整理验证结果，并根据最终结果作出最终结论。参加验证的所有人员审查验证结果并加以评论，最终由验证总负责人批准。发放验证证书，已验证合格的工艺可交付正常使用。如验证的结果表明生产过程无法确保产品达到规定的质量标准，则需重新验证或修改相应参数。

下列情况一般需进行再验证。产品配方、生产步骤或批量有改变；工艺设备有较大的变更；采用了新的设备；设备大修；质量控制方法的大的变更；中间控制及质量控制的结果表明有必要；一般混合每年再验证1次，其他每2年再验证1次；异常情况临时决定。

六、清洗验证

在药品生产中，绝对意义上的不含任何残留物的清洁状态是不存在的；相对意义上的清洁概念就是经过清洗后的设备、容器中的残留物（包括微生物）量不影响下批产品规定的疗效、质量和安全性的状态。

容器具、设备的清洗是指按现行清洁标准操作规程进行清洁工作，以达到预定的卫生标准，不会对以后生产的产品造成污染。

清洁验证就是通过科学的方法采集足够的数据，以证明按规定方法清洁后的设备、工具、容器、设施等，能始终如一地达到预定的清洁标准。其目的旨在证明通过设定的清洗程序进行清洁后可以达到的"清洁"状态。

质量部或工程部组织有关人员制定验证方案，包括验证目的、要求、质量标准、实施条件、方法、取样和检验方法、时间等；包括确定最难清除的物质和最难清洁的设备（部位），确立合格标准，制定取样和检验的方法。同时，应该制订相应的全部清洁标准操作规程。

清洗程序作重要修改时和验证 1 年后需再验证。

第二节　粉碎、筛分、混合机械的验证

一、粉体的机械粉碎度验证

（一）原理

药物粒径大小与药物制剂的加工及质量密切相关，对于散剂、颗粒剂、胶囊剂、片剂等固体剂型以及软膏剂、涂膜剂、搽剂、膜剂等剂型来讲，药物混合、分散是否均匀，混合操作的难易程度都与粒度大小有关，而混合均匀与否又是上述剂型制备的关键操作，直接影响药物的制备（流动性、可压性、成型性）、成品的质量（外观、有效成分分布的均匀性、剂量的准确性、稳定性）、药物的溶解速率、吸收速度等，某些药物粒度大小与毒性密切相关。

在制药工业中，不同的药物对原药的粉碎粒度要求不同，见表 2－1，标准筛规格见表 2－2。

表 2－1　制剂与粒度

制剂类型	颗粒剂	片剂	眼科用药
制药粒度（μm）	150～200	100～150	10～50

表 2－2　《中国药典》标准筛规格

药筛号	平均筛孔内径（μm）	药粉等级及规格	
1 号	2000±70	最粗粉	1 号 100%，3 号 <20%
2 号	850±29	粗粉	2 号 100%，4 号 <40%
3 号	355±13		
4 号	250±9.9	中粉	4 号 100%，5 号 <60%
5 号	180±7.6	细粉	5 号 100%，6 号 >95%
6 号	150±6.6	最细粉	6 号 100%，7 号 >95%
7 号	125±5.8		
8 号	90±4.6	极细粉	8 号 100%，9 号 >95%
9 号	75±4.1		

颗粒微粉化后，粒子表面组分或结构发生改变，使粉体的许多性质如机械、力学、

光学、磁学、热学、化学活性等，特别是表面积增加引起的表面及界面性质发生了巨大的变化，并呈现出许多特性，相应地形成了用于超细粒子的粒径、粒度分布、表面形状、表面积、表面电性、表面能、分散性、孔隙、流动性、稳定性等内容的微粉测量技术，以准确评价微粉的质量和性能。

（二）粉体的参数

粉体是由单个粒子组成的集合体，粉体的各种理化特征既受单个粒子性质的影响，也与粒子间的相互作用有重要的联系。因此能全面反映粉体的性质，包括两类重要的参数，即单个粒子和粉体系统的参数。

1. 粒径　粒子的粒径是指粒子的一维几何尺寸。

2. 粒度分布　粒度是指粉体粒子大小的量度。粒度分布又称为粒径分布，是指粉体中不同粒度区间的颗粒含量。由于超微粉体是由粒径大小不等的颗粒组成，是一个多分散体系。因此掌握粒子的粒度分布更具实际意义。

粒度分布分为频率分布（相对分布）和累积分布。频率分布表示与各个粒径相对应的粒子占全部颗粒的百分含量；累积分布表示小于或大于某一粒径的粒子占全部颗粒的百分含量，累积分布又分为上累积分布和下累积分布。累积分布是频率分布的积分形式。

粒度分布常用的表达方式有以下几种。

（1）**列表法**　列表法是将粉体粒度分析数据以表格形式列出的方法。特点是量化特征突出，但变化趋势规律不太直观。

（2）**图示法**　粒度分布图示法有矩形图、分布曲线、扇形图等，在科研和生产中常用矩形法和分布曲线法。

3. 标准偏差　标准偏差用 σ 表示：

$$\sigma = \sqrt{\frac{\sum n\left(d_i - d_{50}\right)^2}{\sum n}}$$

式中，n 为测量次数；d_i 为每次测得的粒径；d_{50} 为平均粒程。σ 越大，粒度分布范围越宽。

（三）粒子形态

粒子形态是指一个粒子的轮廓或表面上各点所构成的图像。超细粉体中粒子形态极为复杂，亦千差万别。粒子的形态与粒子的许多性质，如比表面积、流动性、附着性、填充性、研磨特性、磁性、化学活性等密切相关。如球状颗粒具有较好的流动性，填充性；片状粒子附着性较强；而长形粒子具有较强的耐冲击强度。药物种类不同、结构质地不同、制备工艺不同、剂型不同、给药途径不同，对粒子形态有不同的要求。其检测方法如下。

1. 显微镜法　显微镜法是检测超细粉体粒子大小及其分布的最常用的检测手段。光学显微镜的测试范围为 $1 \sim 500\mu m$，电子显微镜的测试范围为 $0.001 \sim 100\mu m$。显微镜法测量的是粒子的一次直径，可直接观察到超细粒子的大小、形态、外观和分散情况，甚至微观结构。因此直观是显微镜法的最大特点。但该方法对于球形化较好的粒子，测量结果准确度较高。对于不规则形状的粒子如片状、棒状等，以及粒度分布较宽的样品，由于取样量少，故测量结果误差较大。另外，选择适宜的分散介质及制备分散均匀的样片，对于测定结果亦至关重要。

2. 筛分法　筛分法是将适量质量的粉末连续通过一套孔径从大到小的筛子，测定截留在各个筛子上的粉末的质量或体积及相对于各筛子的孔径，从而确定整个粉体的粒子的质量（或体积）、平均粒径及其分布。筛下物与过筛粉体的质量之比为过筛率。筛分技术是一种传统的粒径分析方法，既可用于干法过筛，也可用于湿法过筛。

筛分法粒子能否通过筛网，与待测样品的性质、粒子大小、粒子形状、用量、过筛方法、过筛时间及筛的种类等有关，影响因素较多，因此筛分法测得的粒子大小是比较粗略的。对于超微粉体，由于微粉分散性差，极易聚集、黏附、负荷静电，故筛分时间长，且经常发生堵塞，特别是对于小于 $10\mu m$ 的粉体，传统的筛分法进行粒度分析和检测有一定的困难。目前干法过筛已有多种自动化或半自动化振动筛分设备，如机械振动过筛、声波振动过筛、超声波振动过筛、真空气流过筛等，新发展的电沉积筛网虽然可以筛分至孔径 $5\mu m$ 的粉体物料，但筛分效率很低。

3. 沉降法　沉降法是通过监测粒子在液体中的沉降速度而计算粒子大小的方法。超细粒子虽小，但每一粒子都有质量；粒子大小不同，质量不同，在力场中的沉降速度不同，即沉降速度是粒子大小的函数。根据悬浮液的浓度变化或粒子沉降的重量变化，确定超细粒子分散体系粒子的沉降速度，即可测定粒子的大小并进行粒度分析。

沉降法测定粒子粒度的基础为 Stockes 沉降定律，其假设条件是待测样品为球形粒子；粒子在瞬间达到恒定速度。因此，沉降法得到的是等效径，即等于具有相同密度及相同沉降速度的球体的直径。

沉降法根据沉降原理分为重力沉降法和离心沉降法。

另外还有传感器法、激光光散射法和比表面积 – 粒度测定法等。

（四）验证内容

1. 粗粉、中粉、细粉、最细粉、极细粉的制备和检测　调节粉碎机的细度，分别粉碎成粗粉、中粉、细粉、最细粉、极细粉，然后用过筛法测定其粉碎度，检查所得的细粉是否符合标准要求。粉碎度实验记录如表 2 – 3 所示。

表 2 – 3　粉碎度实验记录

粉末编号	标准	投料量（g）	结果		
			筛上部分（g）	筛下部分（g）	结论
1	最粗粉：1 号 100%，3 号 <20%				
2	粗粉：2 号 100%，4 号 <40%				
3	中粉：4 号 100%，5 号 <60%				
4	细粉：5 号 100%，6 号 >95%				
5	最细粉：6 号 100%，7 号 >95%				
6	极细粉：8 号 100%，9 号 >95%				

2. 中药微粉的制备与粒度测定　先用水装片，在显微镜下测定蒲黄的粒径，然后加入超微粉碎机中进行粉碎，分别在 2 分钟、5 分钟、8 分钟、10 分钟和 15 分钟时用显微镜法测定微粉的平均粒径和粒径分布状况。

二、混合设备的验证

（一）原理

广义上把两种以上的物质均匀混合的操作统称为混合，其目的在于使药物各组分在制剂中均匀一致。

混合度是混合过程中物料混合程度的指标。从统计学观点出发，当物料在混合机内的位置达到随机分布时，称此时的混合达到完全均匀混合。事实上固体间的混合不能达到完全均匀，只能达到宏观的均匀性，因此常常以统计混合限度作为完全混合状态，并以此为基准表示实际的混合程度。固体粉粒混合度的测定，可以在粉粒状物料混合均匀后，在混合机内随机取样分析，计算统计参数和混合度。也可在混合过程中随时检测混合度，找出混合度随时间变化的关系，从而了解和研究各种混合操作的控制机理及混合速度等。

一般情况下，对混合设备的验证可采用标准偏差 σ 和相对标准偏差（RSD）表示：

$$\sigma = \left[\frac{1}{n-1} \sum_{i=1}^{n} (x_i - x)^2 \right]^{1/2}$$

$$RSD = \frac{\sigma}{x} \times 100\%$$

式中，n 为抽样次数；x_i 为某一组分在第 i 次抽样中的分率（重量或个数）；x 为样品中某一组分的平均分率（重量或个数），可以用 $x = (1/n) \sum x_i$ 代替某一组分的理论分率。计算结果 σ 和 RSD 值越小，越接近于平均分率，这些值为 0 时，此混合物达到完全混合。

一般情况下，如果在某一时间内各个取样点组分分率的 RSD 小于 3%，可以认为混合均匀。

（二）验证内容

先将山楂粉碎成细粉，测定其有机酸的含量。取本品细粉约 1g，精密称定，精密加水 100ml，室温下浸泡 4 小时，时时振摇，滤过，精密量取滤液 25ml，加水 50ml，加酚酞指示液 2 滴，用氢氧化钠滴定液（0.1mol/L）滴定，即得。每 1ml 的氢氧化钠滴定液（0.1mol/L）相当于 6.404mg 的枸橼酸（$C_6H_8O_7$）。求出山楂中含有机酸以枸橼酸（$C_6H_8O_7$）计的含量。

取一定量的山楂细粉分别加入槽式混合器、V 形混合器中，分别加入等量的淀粉（混合粉的理论有机酸含量应为山楂细粉的 1/2），在一定转速下进行混合。分别在 10、20、30 分钟在每种混合器各选 5 个点进行取样，测定并计算每个样品的含量。求出各混合时间时的 σ 和 RSD 值，填入表 2 - 4，同时绘出取样点的示意图。

表 2-4 混合设备验证记录

设备名称： 转速： 转/分钟

时间（分钟）	成分	理论含量（%）	结果					
			1（%）	2（%）	3（%）	4（%）	5（%）	RSD（%）
10	有机酸							
20	有机酸							
30	有机酸							

结论：

备注：物料为山楂细粉（有机酸含量　%）、淀粉

第三节　固体制剂机械的验证

一、旋转式压片机的验证

（一）原理

旋转式压片机作为片剂生产的主要设备，具有产量高，质量稳定，适合规模生产等特点，压片机性能验证范围包括：片剂质量的认定及设备运行质量的确认，从而作出该设备能适应工艺的评估。

1. 压片机的技术要求

（1）选择一种或几种实物试车参数，如压制片剂的形状、大小、厚度，确定与之相适应的转速进行实物生产，压制的片剂质量应符合成品要求和国家标准。

（2）设备在模拟生产运行或实物生产运行中符合设计参数，压片工作室内无异常漏粉、漏液或金属屑、粒剥落现象。

（3）操作维护简单、安全、合理，模具、加料器等零部件拆装方便。

（4）设备易清洗，无死角，无泄漏。

2. 片剂成品质量评定规则

（1）片剂重量差异评定计算公式

片剂最小重量差异限度公式：$(G_{min} - G_{20})/G_{20} \times 100\%$

片剂最大重量差异限度公式：$(G_{max} - G_{20})/G_{20} \times 100\%$

式中，G_{min} 为被检片剂最小重量；G_{max} 为被检片剂最大重量；G_{20} 为被检片剂 20 片平均重量。

（2）片剂硬度评定方式　从 20 片片剂中任意抽取 4 片，测定片剂硬度，允许经过调整后再次测定。

（3）片剂外观质量评定　外观光洁，无缺陷、松片、裂片、麻点等现象，允许经过调整后再次测定。

（二）验证内容

性能验证范围包括：片剂质量的认定及设备运行质量的确认。性能验证要求、方法及评价。

检查及清洁压片机、上冲、下冲和中模，并按要求将中模、上冲、下冲、加料器

及料斗安装完毕，需要润滑处加入润滑油，将片厚调节钮调至最厚处，用手转动飞轮，检查压片机的运转情况，然后开动电机，运转压片机，再次检查压片机的运转情况，记录压片机的转速，停下压片机。

取适量颗粒，加入滑石粉或硬脂酸镁适量，混合均匀，加入料斗中，用手转动飞轮，同时调节片厚调节钮和装量调节钮，调整片剂的片重为0.3g并具有一定的硬度（一般为3~4kg），并逐渐减低片厚以至达到7kg以上，必要时可以调节转速，同时观察压片机的运转状况。压出合格的片剂后，对片剂进行检查，拆除并清洁料斗、加料器、上冲、下冲、中模等。验证记录见表2-5和表2-6。

表 2-5 压片机基本情况

生产厂家	型号	片剂直径（mm）	功率（kW）	最大压力（kN）	转速（r/min）

表 2-6 压片机性能验证

序列	验证内容	验证要求	验证方法	评价
1	片剂外观	外观光洁，无缺陷	目测	外观光洁无缺陷：合格 有疵点或缺损：不合格
2	片剂厚度	按技术要求或商定的尺寸	测量法	尺寸在规定范围：合格 尺寸超出规定范围：不合格
3	片重差异	±7.5%（平均重量<0.3g） ±5.0%（平均重量≥0.3g）	称量法	片重在规定范围：合格 片重超出规定范围：不合格
4	片剂硬度	>7kg	硬度计	片剂硬度>7kg：合格 片剂硬度<7kg：不合格
5	运行质量	应有较高的除尘效果； 应无不可调整的异常漏粉现象； 应无异常振动现象； 操作方便	目测检查	符合要求：合格 不符合要求：不合格
6	维护保养情况	应清洗方便，无死角，无泄漏； 加料器、料斗、模具等应装、拆方便	目测检查	清洗装、拆方便：合格 清洗装、拆困难：不合格

二、全自动胶囊填充机的验证

（一）原理

性能确认的目的是试验并证明胶囊填充机对生产工艺和生产需要的适用性，胶囊填充机的性能评价包括：生产能力测试及填充质量试验。连续试验3次，以确认其设备性能的重现性。

评价标准：设备生产能力达到预定的要求，填充质量符合成品要求，机器操作简便、可靠，成品出料方便，无死角，便于维修保养。

需要验证胶囊充填机填充量差异及可调性、转速、真空度，胶囊剂灌装情况和胶囊剂的质量。

（1）生产作业场所与外室保持相对负压，粉尘由吸尘装置排除。室内应根据工艺要求控制温度和湿度。

（2）在灌装前核对颗粒的品名、规格、批号、重量，并检查颗粒的外观质量和空胶壳规格、颜色是否与工艺要求相符。

（3）灌装前应试车，并检查胶囊的装量、崩解度。符合要求后才能正常开车，开车后应定时抽样检查装量。

（4）已灌装的胶囊，筛去附在胶囊表面的细粉，拣去瘪头等不合格品，并用干净的不脱落纤维的织物将胶囊表面的细粉揩净。盛于清洁的容器内，标明品名、规格、批号、重量等。

（二）验证内容

开机前应检查机器传动、电气控制等部件是否处于良好状态，检查机器的螺栓等紧固件是否紧固，检查机器润滑系统是否良好。

接通机器电源，开启总开关，观察机器无异常后，方可正常开机。调整好填充量，装量标准在 0.45g/粒 ±8%。生产结束后，停机，先切断主机电源，再关闭真空泵，最后关闭总电源。

装入 0#空胶囊和颗粒，调节胶囊装量至 0.45g/粒。

（1）检测囊重　在不同速度分别取样 4 次，每次取样 10 粒，每隔 5 分钟取样一次，称量胶囊重量。装量差异符合药典标准。

（2）检测囊长　调节囊长达到规定的标准。每 5 分钟取样一次，每次取样 18 粒，测量并记录胶囊长度。允许范围为平均值×(1±5%)。

（3）计算上机率　计算并记录胶囊转台旋转 2 圈，出囊处的胶囊实际粒数，计算胶囊的上机率。上机率≥99.0%。

（4）计算空胶囊率　测试人员分 5 次取样，每次 10 粒，检查有无空胶囊。

验证记录见表 2-7 和表 2-8。

表 2-7　胶囊填充机基本情况

生产厂家	型号	装囊范围	功率（kW）	生产量（粒/小时）	转速（r/min）

表 2-8　胶囊填充机验证要点

工序	囊材	验证内容	验证要求	验证方法	评价
灌装	硬胶囊	温度、湿度			
		装量差异			
		崩解时限			
		外观			
		囊长			
		上机率			
		空胶囊率			

三、丸剂机械的验证

（一）原理

性能确认的目的是试验并证明全自动制丸机对生产工艺和生产需要的适用性，全自动制丸机的性能评价包括：生产能力测试及成品质量试验，连续试验 3 次，以确认其设备性能的重现性。

评价标准：设备生产能力达到预定的要求，填充质量符合成品要求，机器操作简便、可靠，成品出料方便，无死角，便于维修保养。

（二）验证内容

1. 生产能力测试 装入药坯，调节机器到最快的速度。每隔 5 分钟称量一次 5 分钟的产量，计算平均产量。评价标准：全自动制丸机的产量符合要求。

2. 成品质量试验

（1）检测丸重 分别取样 5 次，称量每克水丸所含丸数。评价标准：丸重差异符合标准。

（2）成品率 计算并记录全自动制丸机运行 20 分钟，所制水丸中的废品数量，计算成品率。

评价标准：成品率≥99.0%。

验证记录见表 2 – 9 至表 2 – 11。

表 2 – 9　全自动制丸机基本情况

设备名称：全自动制丸机	设备编号：
生产厂家：	规格型号：
序号：	主要性能：	情况确认：

表 2 – 10　设备基本情况确认记录

1	生产能力
2	制丸规格
3	电源电压
4	外形尺寸
5	全机重量
6	总功率

表 2 – 11　全自动制丸机性能确认记录

设备名称：全自动制丸机		规格型号：	
设备编号：		安装位置：	
检测项目	方法	标准	评价
生产能力	试生产检验		
外观检查	抽样检查		
检测丸重	测试重量		
有无废品	抽样检查		

第四节 液体制剂机械的验证

一、原理

液体制剂生产的主要设备有配液罐、贮罐、灌装机、压盖机等设备。液体制剂的设备验证目的是确定所选设备的技术指标、型号及设计规范要求；对设备安装过程进行检查，安装后进行试运行，以证明设备达到设计要求和规定的技术指标。生产前，进行模拟生产试机，证明可满足生产操作需要，符合工艺标准要求。

1. 配液罐的验证 对不锈钢材质的配制罐，需对设备的材质、容积、工作压力、温度范围（对于有夹层的配制罐，也应包括夹层的压力和温度范围）以及管口位置、搅拌器、温度计位置等进行检查。并对罐内表面的抛光面进行确认，如抛光面的光洁度、焊缝是否平滑、罐内有无凹坑、罐内排液管处液体能否放净等。

配液罐在安装完后为考察安装的准确性必须进行试运转。试运转时夹层通蒸汽或冷却水，检查加热或冷却速度。配料罐的搅拌器主要作用是促进物料溶解、均匀混合和加速传热、传质。对搅拌器应从固体溶解速度、传热时加热冷却速度的搅拌效果和物料达到均匀一致的混合时间综合进行确认。

2. 液体灌装机的验证 与药液接触表面的结构材料，清洁规程和清洁剂，包装容器洗涤和干燥灭菌，包装容器的适应性，灌装容量和偏差，计数器的准确性，操作的进出料，料液温度的控制，设备生产能力与批产量的适应，需清洗或灭菌的零部件易于拆装、整机操作的可靠性和稳定性，润滑剂的滴漏，操作中的噪声等。

二、材料

配液灌，液体灌装机，压盖机，转速测定仪，稀盐酸（0.1mol/L），氢氧化钠滴定液（0.1mol/L），酚酞指示液，滴定管，锥形瓶，铁架台，滴管，5ml 移液管，10ml 移液管。

三、验证内容

1. 配液罐的验证

（1）均匀性试验 将适量稀盐酸（0.1mol/L）加入配液罐，加入等量的水在一定转速下进行搅拌（此时混合液的理论浓度为 0.5mol/L）。分别在 5、10、15 分钟在每种混合器各选 5 个点进行取样，测定并计算每个样品的含量。求出各混合时间的 σ 和 RSD 值，记录并绘出取样点的示意图，样检测其均匀性是否符合要求。

评价标准：符合标准（RSD 小于 3%）。

（2）批容量确认 在进行均匀性试验的同时，确认配液罐的批容量。罐内充入 70% 的水，试运转中注意电机和减速机的声响和发热情况及搅拌轴摆动情况。减速机不得漏油，以免污染料液。

评价标准：批容量符合要求。

2. 灌装机、压盖机的验证

（1）生产能力测试　按设备要求装入药液和瓶子，每隔 30 分钟，分 3 次计算 10 分钟的包装产量，取平均值作为轧盖机的实际产量。

（2）成品质量试验

外观检查：评价标准为包装、密封良好。

密封检测：将包装放入真空检漏机，调节真空度为 $-0.05\mathrm{MPa}$，保持 10 分钟，测试包装的密封性能。可接受标准为无泄露、胀破等现象。

装量：分 5 次取样，每次间隔 2 分钟，每次 3 瓶，检查装量。评价标准为装量正确，未检出装量不准的包装。

第三章 ▶ 制剂车间的管理

第一节 人员管理

一、基本要求

《药品生产质量管理规范》（2010 年修订）规定，洁净区内的人数应严加控制，检查和监督应尽可能在洁净区外进行。

凡在洁净区工作的人员（包括清洁工和设备维修工）都必须定期培训，培训的内容应包括卫生学和微生物学方面的基础知识。参观人员和未经培训的人员不得进入生产区和质量控制区，特殊情况确需进入的，应当事先对个人卫生，更衣等事项进行指导。

企业应当采取适当措施避免体表有伤口、患有传染病或其他可能污染药品疾病的人员从事直接接触药品的生产。当员工由于健康状况可能导致微生物污染风险增大时，应由指定的人员采取适当的措施。

更衣和洗手必须遵循相应的书面规程，以尽可能减少对洁净区的污染或将污染物带入洁净区。

洁净区内不得佩戴手表和首饰，不得涂抹化妆品。

工作服及其质量应与生产操作的要求及操作区的洁净度级别相适应，其式样和穿着方式应能满足保护产品和人员的要求。各洁净区的着装要求规定如下。

D 级区：应将头发、胡须等相关部位遮盖。应穿合适的工作服和鞋子或鞋套。应采取适当措施，以避免带入洁净区外的污染物。

C 级区：应将头发、胡须等相关部位遮盖，应戴口罩。应穿手腕处可收紧的连体服或衣裤分开的工作服，并穿适当的鞋子或鞋套。工作服应不脱落纤维或微粒。

A/B 级区：应用头罩将所有头发以及胡须等相关部位全部遮盖，头罩应塞进衣领内，应戴口罩以防散发飞沫，必要时戴防护目镜。应戴经灭菌且无颗粒物（如滑石粉）散发的橡胶或塑料手套，穿经灭菌或消毒的脚套，裤腿应塞进脚套内，袖口应塞进手套内。工作服应为灭菌的连体工作服，不脱落纤维或微粒，并能滞留身体散发的微粒。

个人外衣不得带入通向 B、C 级区的更衣室。每位员工每次进入 A/B 级区，都应更换无菌工作服；或至少每班更换一次，但须用监测结果证明这种方法的可行性。操作期间应经常消毒手套，并在必要时更换口罩和手套。

洁净区所用工作服的清洗和处理方式应确保其不携带有污染物，不会污染洁净区。工作服的清洗、灭菌应遵循相关规程，并最好在单独设置的洗衣间内进行操作。

二、生产部新进员工培训上岗

企业应建立生产部新进员工培训制度，并对新进员工进行相关知识的培训。相关部门介绍公司的基本情况及公司规章制度，总工办讲解药品管理法及 GMP 的基本知识，生产部各级管理人员组织新进员工学习与本岗位工作有关的专业技术及生产部的管理制度；学习 GMP 的基本内容，与本岗位工作有关的 GMP 的基本知识；学习本岗位的岗位职责；学习本岗位标准操作程序及其他岗位文件。

培训结束后，统一组织新进员工进行考核，考核合格者由总工办签发"上岗证"，取得"上岗证"准许上岗。不合格者重新培训并组织考核。

三、进出一般生产区更衣

进入一般生产区人员，先将携带物品（雨具等）存放于指定的位置，进入更鞋室，更换工作鞋，将换下的鞋放入鞋柜内。

进入第一更衣室要更换工作服（更衣时注意不得让工作服接触到易污染的地方），扣好衣扣，扎紧领口和腕口。佩戴工作帽，应确保所有头发均放入工作帽内，不得外露，在衣镜前检查工作服穿戴是否合适。进盥洗间用药皂将双手反复清洗干净后可以进入一般生产区操作室。

退出一般生产区时，按进入时逆向顺序更衣，将工作服、工作鞋换下，分别放入自己衣柜、鞋柜内，离开车间。

四、进出 D 级洁净区更衣

工作前更衣，在一更，更换工作鞋，将自己的鞋放入指定鞋柜内；在二更，按号更换工作服，将袖口扎紧、扣好纽扣，戴工作帽必须将头发完全包在帽内，不外露。进入洗盥室：用流动的纯化水、药皂洗手，通过缓冲间进入洁净区工作间。

工作结束后更衣，按工作前更衣的程序逆向顺序洗手，在二更换下工作服，将工作服按号归位（包括衣服、裤子、帽）。在一更换下工作鞋放在指定鞋柜内，离开洁净区。放洁净区工作鞋与生活区鞋的鞋柜必须具有明显的状态标示，禁止混用。

五、进出 C 级洁净区更衣

进入大厅，将携带物品（雨具等）存放于指定位置。在更鞋区脱下自己鞋放入鞋柜内，换上工作鞋，进入一更衣室，换工作服、帽子。摘掉各种饰物、如戒指、手链、项链、耳环、手表等。进入洗盥室：用流动纯化水、药皂洗面部、手部。进入二更衣室，在缓冲间更换二更拖鞋，脱去工作服，手部用 75% 乙醇溶液喷洒消毒；按各人编号从标示"已灭菌"或"已清洗"的容器中取出自己的洁净服，按从上到下的顺序更换洁净服，戴洁净帽、口罩，将衣袖口扎紧，扣好领口，头发全部包在帽子里边不得外露。进入 C 级洁净区操作间。

工作结束后，按进入程序逆向顺序脱下洁净服，装入原衣袋中，统一收集，贴挂"待清洗"标示，换上自己的衣服和工作鞋，离开洁净区。

六、洁净区人员控制管理

洁净室仅限于该区域生产操作人员、生产部管理人员和经批准的人员进入，洁净室内生产操作人员定员上岗，限制操作人员和管理人员进入的人数，洁净室生产操作人员定员和允许进入的最多人员见表 3 − 1。

表 3 − 1　洁净室生产操作人员定员和允许进入的最多人员

洁净室	生产操作人员定员（人）	最多允许进入人员（人）
药物粉碎室	2	3
药物过筛室	2	3
制粒室（配料室）	5	7
整粒室	3	4
胶囊填充室	3	5
压片室	3	5
包衣室	3	6
铝塑包装室	3	5
双铝包装室	3	5
双头数片包装室	5	6

七、非生产人员出入车间管理

非生产人员是指非本车间的生产人员，凡是非生产人员未经允许不得随意进入洁净区。管理人员因工作需要进入洁净区，必须按《进入生产控制区更衣程序》进行更衣才能进入洁净区，否则车间管理和生产人员有权制止进入。非生产人员进出生产车间必须遵守生产车间各项管理制度，未经允许不得随意翻阅生产记录及有关资料，不得拍照、录像，不得随便操作机器设备。

外来人员进入洁净区必须经公司总工办批准，经批准的参观人员每次不得超过 4人（含陪同人）并派专人陪同，否则生产车间有权制止进入洁净区。外来人员进出生产车间必须遵守车间管理制度。外来人员一般只在走廊参观且防止长时间在走廊停留，如需要进入工作间必须事先征得生产部负责人同意，并有生产部负责人陪同方能进入。

第二节　厂房管理

洁净厂房设计时，应尽可能考虑避免管理或监控人员不必要的进入。B 级区的设计应能从外部观察到内部的操作。

为了减少尘埃积聚并便于清洁，洁净区内货架、柜子、设备等不应有难清洁的部位。门的设计应尽可能便于清洁，不得使用移动门。

无菌生产的 A/B 级区内禁止设置水池和地漏。在其他洁净区内，水池或地漏应有适当的设计、布局和维护，以降低微生物污染，并安装易于清洁且带有空气阻断功能的气水分离装置以防倒灌。同外部排水系统的连接方式应能防止微生物的侵入。

更衣室应按照气锁方式设计使更衣的不同阶段分开，以尽可能避免工作服被微生物和微粒污染。更衣室应有足够的换气次数。更衣室后段的静态级别应与其相应洁净区的级别相同。必要时，可将进入和离开洁净区的更衣间分开设置。一般情况下，洗手设施只能安装在更衣的第一阶段。

气锁间两侧的门不应同时打开。可采用连锁系统或光学、声学的报警系统防止两侧的门同时打开。

在任何运行状态下，洁净区通过适当的送风应能确保对周围低级别区的正压，维持良好的气流组织，保证有效的净化能力。

应特别注意保护已清洁的与产品直接接触的包装材料和器具及产品直接暴露的操作区域。

当使用或生产某些致病性、剧毒、放射性、活病毒、活细菌的物料或产品时，空调净化系统的送风和压差应作适当调整以防止有害物质外溢。必要时，生产操作的设备及该区域的排风应作去污染处理（如排风口安装滤过器）。

应能证明所用气流方式不会导致污染风险并记录（如烟雾试验的录像）。

应设送风机组故障的报警系统。应在压差十分重要的相邻级别区之间安装压差表。应定期记录压差并归入有关文档中。

一、D 级洁净区清洁消毒

（1）清洁频度　生产前、后清洁 1 次，更换品种必须按清洁规程清洁，每星期彻底清洁 1 次。

（2）清洁工具　清洁盆、拖布、水桶、清洁布、毛刷、吸尘器。

（3）清洁剂　取少许洗涤剂加适量的水稀释成溶液。

（4）消毒剂　75% 乙醇溶液、5% 甲酚皂溶液、0.2% 新洁尔灭溶液。

（5）清洁方法　清除洁净区的生产遗留物及废弃物，洁净区内的设备按相应的清洁规程进行清洁，洁净区内的容器具按 D 级洁净区容器、器具清洁规程进行清洁。墙面、工作台、顶棚、门窗、地面用吸尘器吸取表面粉尘，用湿清洁布、拖布清除工作台、地面、门窗的各表面污迹，污垢堆积处用毛刷、清洁剂刷洗清除污垢，必要时用消毒剂消毒。每星期生产结束后，对洁净区内彻底清洁消毒 1 次（包括墙面、顶棚的消毒）。经 QA 检查员检查清洁合格，在批生产记录上签字后在设备上贴挂"已清洁"标示。

（6）清洁效果评价　地面洁净，设备及洁净区内各表面洁净无粉尘、粉垢，无可见异物及生产遗留物。

（7）清洁工具清洗及存放　按清洁工具清洁规程在清洁工具间对 D 级清洁工具进行清洗、存放并贴挂标示。

二、C 级洁净区的清洁消毒

（1）清洁频率　每天生产操作前、工作结束后进行 1 次清洁，直接接触药品设备表面清洁后再用消毒剂进行消毒。

（2）清洁范围　用纯化水擦洗室内所有部位，包括地面、废物贮器、地漏、灯具、排风口、顶棚等。每月生产结束后，进行大清洁消毒 1 次，包括拆洗设备附件及其他附属装置。根据室内菌检情况，决定消毒频率。

（3）清洁工具　拖布、清洁布（不脱落纤维和颗粒）、毛刷、塑料盆。用洗涤剂作为清洁剂，消毒剂每月进行轮换，用 0.2% 新洁尔灭、75% 乙醇溶液、5% 甲酚皂液、1% 碳酸钠溶液等。

（4）清洁消毒方法　先物后地、先内后外、先上后下，用滤过的纯化水擦拭 1 遍，必要时用清洁剂擦去污迹，然后擦去清洁剂残留物，再用消毒剂消毒 1 遍。生化车间、粉针车间轧盖岗位每天操作前，用 75% 乙醇对室内、设备消毒 1 遍。生产结束后，用 5% 甲酚皂擦拭地面，输液车间地面以纯化水冲洗为宜，控制微粒。粉针车间使用消毒剂以碱性为宜，以破坏头孢类药物等残留物。

（5）清洁效果评价　目检各表面应光洁，无可见异物或污迹，QA 检测尘埃粒子、沉降菌应符合标准。

（6）清洁工具的清洗及存放　清洁工具使用后，按清洁工具清洁规程处理，存放于清洁工具间指定位置，并设有标示。

三、一般生产区设备的清洁

清洁工具用专用擦机布、塑料毛刷；洗涤剂作为清洁剂。设备使用前清洁 1 次，生产结束后进行清洁，更换品种时进行清洁。

设备维修后进行清洁，生产前用饮用水擦拭设备各部位表面，生产结束后用毛刷清除设备上的残留物如碎玻璃、胶塞屑等，将可拆卸下来的各部件拆卸下来进行清洁，用清洁剂擦去设备的油污或药液，然后用饮用水将设备擦拭干净。

新购进的设备首先在非生产区脱去外包装，用清洁布擦掉设备内外的灰尘后方可搬至操作室。

每天清场、清洁后，操作者在批生产记录上签字，QA 检查员检查合格后签字，贴挂"已清洁"标示卡，并填写设备清洁记录。设备清洁后目视确认，应无可见污迹或油垢，用手擦拭任意部位确认应无灰迹。清洁工具应按清洁工具清洁规程处理，存放于清洁工具间指定位置，并有标志。

四、D 级洁净区设备的清洁消毒

（1）清洁频度　与药料直接接触的设备表面及部件，使用前、后各消毒 1 次，更换品种必须按本规程彻底清洁消毒，特殊情况随时按清洁规程彻底清洁消毒，每星期生产结束彻底清洁消毒 1 次。

（2）清洁工具和清洁剂　清洁布、毛刷、清洁盆、橡胶手套、吸尘器。清洁剂：取少许洗涤剂加适量的水稀释成溶液。消毒剂：75% 乙醇溶液，0.2% 新洁尔灭溶液。

（3）清洁方法　使用前用 75% 乙醇溶液消毒与药料直接接触的设备表面及部件。使用后用吸尘器吸取设备各表面粉尘，用毛刷清除残留的粉尘，用湿清洁布清除设备各表面污迹，粉垢堆积处用毛刷、清洁剂刷洗，必要时用消毒剂消毒。

设备可拆卸部件拆卸后刷洗清除各表面粉垢，用纯化水冲洗 1 次，用 75% 乙醇溶液消毒与药料直接接触的设备表面及部件，干燥后各部件放在指定容器内，每星期生产结束清洁后，对设备内、外所有部件消毒，清洁后填写设备清洁、消毒记录，经 QA 检查员检查清洁合格，贴挂"已清洁"标示卡。

（4）清洁效果评价　目测设备各表面及部件，无可见粉尘、粉垢，光亮洁净。

（5）清洁工具的清洗及存放　按清洁工具清洁规程对 D 级清洁工具进行清洗，在清洁间内存放。

五、C 级洁净区设备的清洁消毒

（1）清洁频率　设备使用前清洁 1 次，生产结束后清洁 1 次，更换品种时进行清洁消毒，设备维修后进行清洁、消毒，每周进行 1 次彻底清洁消毒。

（2）清洁工具　清洁工具用不脱落纤维的专用擦机布、塑料毛刷，洗涤剂作为清洁剂，每月轮换使用 75% 乙醇溶液、0.2% 新洁尔灭溶液等消毒。

（3）清洁方法　生产前，用纯化水对设备表面进行清洁，生化车间、粉针车间轧盖岗位用 75% 乙醇进行消毒。生产结束后，用毛刷清除设备上的残留物、碎玻璃、胶塞、铝盖屑等，可拆卸的附件，拆卸下来进行清洁。每星期工作结束后，先用清洁布（必要时用适量洗涤剂）将设备上的油污、药液擦洗干净，然后用消毒剂进行全面擦拭消毒。每天工作结束清洁后，操作者填写设备清洁记录并签字，QA 检查员检查合格后签字，并贴挂"已清洁"或"已消毒"标示卡。

（4）清洁工具的处理　洁净区专用擦机布用完后清洗干净，用消毒剂浸泡 15 分钟存放于清洁工具间指定位置，备用。

六、洁净区尘埃粒子监测

药厂空气净化系统的验证是 GMP 验证环节之一。验证目的是检查并确认空气净化调节系统（HVAC）是否符合 GMP 标准及设计要求。根据 GMP 要求制定验证方案，作为对洁净厂房 HVAC 系统进行验证的依据。

（1）验证内容　主要分析仪器、仪表的标准验证、安装验证、运行验证、性能验证，臭氧灭菌效果的验证。

（2）仪器仪表标准校验　为保证测量数据的准确可靠，必须对仪器、仪表进行校验。主要校验的仪器有湿度计、风速计、风压表、照度仪、微压表、尘埃粒子计数器等。

（3）安装验证　是对预安装的设备的规格、安装条件、安装过程及安装后进行确认，目的是证实 HVAC 系统规格符合要求。

HVAC 系统安装评价验证包括：空气处理设备的安装确认，风管制作及安装确认应在施工过程中完成，风管及空调设备清洁的确认，风管漏风检查，高效滤过器检漏。

（4）运行确认验证　HVAC 系统的运行确认是为证明 HVAC 系统能否达到要求及生产工艺要求而进行的实际运行试验。运行确认期间，所有空调设备必须开动，与空调系统有关的工艺排风机、排湿机也必须开动，以利于空气平衡，调节房间的压力。空调调试及空气平衡测试内容包括：风量测定及换气次数计算、房间静压差、温湿度测试、尘埃粒子测定和菌落数测定等。

高效滤过可接受标准：实测室内平均风速应在设计风速的 100%～120%。出口处的风速应 ≥0.35m/s，风速不均匀度应 ≤0.25m/s。

风量测试：进行风量测试的目的是证明空调系统能够提供符合设计要求的风量。

换气次数的计算：根据送风量、房间体积计算换气次数。目的是确认洁净室换气次数是否达到标准要求的换气次数。

房间静压差可接受标准：相邻不同级别空间的静压差绝对值应 ≥10Pa（1.0mmH$_2$O），

洁净室级别要求高区域对相邻的洁净级别要求低的区域呈相对正压。洁净室与室外的压差应≥10Pa。

尘埃粒子测定：进行尘埃粒子测定的目的是确认是否有未经滤过的空气通过敞开的大门通道或砖墙、天花板的结合处和裂缝处进入洁净室。

房间温湿度测定：进行房间温湿度测定的目的是确认 HVAC 系统具有将洁净厂房温度、相对湿度控制在设计要求范围内的能力。温湿度计采用热敏电阻式予以测定。

微生物数的预测定：对各工作间清洁消毒后，对洁净室空气中的微生物进行预测定，以便在测定时发现问题，及时解决，为空气平衡及房间消毒方法的进一步改进提供依据，为最终的环境评价做准备。

（5）性能验证　HVAC 系统安装确认与运行完成后，进行性能确认的目的是确认 HVAC 系统能够连续、稳定地使洁净区的洁净度符合设计标准及生产工艺的要求。

性能确认周期：每个周期 7 天。

臭氧灭菌效果评价：对臭氧消毒效果进行验证，通过检查细菌数来确定消毒时间。

采样管理必须干净，严禁渗漏，严格按仪器说明书正确使用尘埃粒子计数器，并定期对仪器作检定。可根据需要采取静态测试或动态测试，静态测试室内测试人员不得多于 2 人，测试报告中应标明所采用的测试状态。测试人员应穿戴好与其洁净度相适应的工作衣、工作帽，采样时应在采样口的下风侧。对单向流，测试应在净化空调系统正常运行不少于 10 分钟后开始。对非单向流，测试应在净化空调系统正常运行不少于 30 分钟后开始。应按采样点布置规则布置采样点位置及其数目，布置采样点应避开回风口，最小采样量应按其相应规则确定。

填写好测试记录，并评定测试结果，洁净区的尘埃粒子应每季测定一次。更换初中高效滤过器之后必须监测。洁净厂房环境监测记录见表 3 - 2。

表3-2　洁净厂房环境监测记录

房间名称或关键操作点	温度		相对湿度	静压差	沉降菌	尘埃粒子	日期	时间	测定人	测定要求
	干球	湿球								
										测点布置原则如下。
										温度：室中心；
										相对湿度：室中心；
										沉降菌：气流扰动最小的地方及有代表性的地方；
										尘埃粒子：离地面0.7~1.0m处

第三节 物料、器具管理

一、物料进出一般生产区的清洁

按物流通道进出物料，仓库内存放物料外包装应保持清洁整齐完好，码放在指定区域，车间内不允许堆积多余物料，车间领料员按"批生产指令"领取物料，并摆放整齐。

凡进入操作室的物料一般情况下在指定区域脱去外包装，然后进入操作室，不能脱去外包装的特殊物料，操作者应用清洁抹布将灰尘擦净，然后进入操作室，避免把灰尘带入车间，物料、包装成品、废弃物退出一般生产区，均应按物料通道搬运。

二、物料进出洁净区的清洁消毒操作

1. 物料进入 B 级洁净区的洁净程序 操作人将物料在一般生产区核对品名、批号、数量、检查外包装完好状况，然后除去外包装，退回外包装，清理工作室。进入洁净区的物料，用 75% 乙醇溶液将外包装容器外壁消毒，放入缓冲走廊传递窗内开紫外线灯照射 30 分钟消毒。在无菌走廊从传递窗内取出物料，再用 75% 乙醇润湿的超细布、擦拭物料外壁（原料瓶）传入 B 级洁净区。安瓿通过隧道烘箱灭菌进入 B 级区，操作者手部消毒后将胶塞、铝盖取出放入指定的容器中存放。

2. 物料进入 C 级洁净区的洁净程序 操作人员在指定区域将物料的外包装箱除去，清除物料包装外部的灰尘、污垢，用湿洁净布擦净外包装。用 75% 乙醇溶液擦拭物料外壁后放传递窗内，开紫外线灯照射 30 分钟。操作者打开传递窗取出物料，放在工作室内指定地点。

3. 物料进入 D 级洁净区的洁净程序 操作人员在一般生产区指定地点，脱去物料外包装，用清洁布擦拭物料表面，传入工作室。

4. 物料返出洁净区 C 级、B 级的剩余物料及包装物返出时，立即对传递窗进行消毒。

三、一般生产区容器、器具的清洁

（1）清洁频率 一般生产区容器、器具使用后进行 1 次清洁，更换品种进行清洁，隔批生产或停产，开工前进行清洁，发生异常，影响产品质量，需进行清洁。

（2）清洁剂和清洁工具 洗涤剂作为清洁剂，用毛刷、清洁布等清洁工具。

（3）清洁方法 容器具使用后，用饮用水进行刷洗，必要时用少许清洁剂除去污迹或粉垢，再用水冲洗掉清洁剂的残留物（用 pH 试纸测最后一遍冲洗水，pH 与水一致）。清洁后的容器具倒置存放在指定位置，并贴挂"已清洁"状态标志。直接接触药品的容器，用饮用水彻底刷洗后应进行烘干，以免影响药品质量。

（4）清洁效果评价 清洁后的容器具，目检应表面无可见污迹和残留物。

（5）清洁工具的处理 清洁工具按清洁工具清洁规程处理后，存放在清洁工具间，备用。

四、D 级洁净区容器、器具的清洁消毒

（1）清洁频率　生产前、后清洁消毒 1 次，更换品种时必须彻底清洁消毒，特殊情况随时彻底清洁消毒，每星期生产结束彻底清洁消毒。

（2）清洁工具、清洁剂和消毒剂　清洁工具用毛刷、清洁布等。取少许洗涤剂加适量水稀释成溶液作为清洁剂溶液。消毒剂为 75% 乙醇溶液、0.2% 新洁尔灭溶液等。

（3）清洁消毒方法　周转容器的清洁，用毛刷刷洗容器内外表面，清除粉尘及污迹，用清洁布擦干，存放指定地点。与药料直接接触的不锈钢容器，使用后用水刷洗清除粉垢，用纯化水冲洗干净，用 75% 乙醇溶液消毒，干燥后放在指定容器内。经 QA 检查合格，贴挂"已清洁"标示卡。

（4）清洁效果评价　目测周转容器表面无可见污迹；不锈钢容器、器具各表面光亮、洁净，无可见粉垢。

（5）清洁工具清洗及存放　按清洁工具清洁规程对 D 级清洁工具清洗，存放于清洁工具间，备用。

五、C 级洁净区容器、器具清洁消毒

玻璃容器（包括光口印度瓶、量筒、试管等），用纯化水洗刷干净，倒置控干后，放入洗液（重铬酸钾 – 浓硫酸配制）浸泡 8 小时以下。浸泡时注意容器内壁的洗液要涂布均匀。用纯化水将容器反复冲洗至中性为止，倒置控干，用硫酸纸将容器口捆扎密封，待用。

不锈钢盘、物料桶等容器，使用后立即用饮用水和清洁剂清洗干净，然后用纯化水冲洗 3~4 遍，控干，备用。使用前用 75% 乙醇溶液将里、外进行消毒。自然晾干后使用。

胶管、大胶塞的清洁消毒，将大瓶塞放入 1% NaOH 的溶液中加热，煮沸 30 分钟，然后用纯化水反复冲洗至中性，晾干，再用硫酸纸包好，待用。

工器具（不锈钢剪刀，镊子等）的清洁消毒，工器具使用后用纯化水冲洗干净，放指定位置，用前再用 75% 乙醇溶液进行消毒。

所有容器、器具清洁后必须贴挂标示卡；标明日期、时间，"已清洗"等，指定位置存放。C 级洁净区使用的容器具根据各工序生产要求，可干热或湿热灭菌。

六、清洁工具清洁

（1）各区使用的清洁工具　一般生产区使用的清洁工具：拖布、抹布、笤帚、水桶、撮子；D 级洁净区使用的清洁工具：拖布、清洁布、水桶、撮子、丝光毛巾；C 级洁净区使用的清洁工具：不脱落纤维的清洁布；B 级（A 级）洁净区使用的清洁工具：超细布、不脱落纤维的清洁布。

（2）清洁剂与消毒剂　清洁剂：用洗衣粉、洗涤剂、液体皂等。消毒剂：5% 甲酚皂液、0.2% 新洁尔灭、75% 乙醇溶液等（各消毒剂每月应轮换使用）。

（3）清洁方法　一般生产区、D 级洁净区使用的清洁工具，每次用完后用洗衣粉搓洗干净，再用饮用水反复漂洗干净，晾干备用；水桶冲洗干净倒置存放。C 级洁净

区使用的清洁工具，每天使用后，用洗涤剂清洗干净，再用纯化水冲洗掉清洁剂的残留物，然后用消毒剂浸泡 15 分钟，晾干备用。B 级（A 级）洁净区使用的清洁工具用洗涤剂清洗干净，再用经 0.22μm 膜滤过的注射用水漂洗至中性，晾干，放入相应的洁净袋内进行湿热灭菌 132℃，5 分钟，备用。

洁净区与非洁净区的清洁工具，应在各自区域内进行清洗、消毒，分别存放于各自的清洁间内指定位置，并设有标示，不得混用。B 级洁净区擦拭设备的清洁工具和局部 A 级使用的清洁工具，要用专用超细布，与擦拭其他部位的清洁工具分开使用、清洗和存放，并有明显标记。各清洁间的清洁、消毒、方法及频率，应与各区域操作岗位同步。

（4）清洁效果评价　目检确认应洁净，无可见异物或污迹；用水漂洗确认，无污迹和残留物。B 级洁净区的清洁工具清洗、灭菌后，必要时可进行菌检，应符合标准。

第四节　生产管理

一、产品批号的制定及管理

在一定生产周期内经过一系列加工过程所制得的质量均一的一组药品为一个批量。一个批量的药品，编为一个批号，批号的划分一定要具有质量的代表性，并可根据批号查明该批药品的生产全过程的实际情况，可进行质量追踪。口服或外用的固体、半固体制剂在成型或分装前使用同一台混合设备一次混合所生产的均质产品为一批；口服或外用的液体制剂以灌装（封）前经最后混合的药液所生产的均质产品为一批。

例如片剂以压片前经一台混合设备一次混合量作为一个批号；胶囊以填充前一台混合器一次混合量作为一个批号，使用两台同型号胶囊充填机，则应确认有同一性质者为一个批号。

生产批号的编制由 6 位数组成。正常批号：年 - 月 - 流水号，如 20140905 表示 2014 年 9 月第 5 批生产的产品批号。返工批号：年 - 月 - 流水号，返工后原批号不变，只在原批号后加"- 1"以示区别。拼箱批号：原则上只允许两个批号拼箱，拼箱后两个拼箱的批号均要打在纸箱上和合格证上。

产品批号由生产部指定专人统一给定，每给定一个批号均要记录在案（批号登记专用本），其他任何人不得给定批号或更改批号。批号登记记录本必须保存至产品有效期后 1 年，无有效期的保存 3 年。

二、生产部定置管理

对生产现场物品进行科学的摆放和管理，确保物品在现场与人、环境的最佳有机结合。

（1）定置管理原则　优先原则、安全原则、执行法规原则、执行工艺原则。

（2）定置管理的对象　生产用品，如原辅料、中间体、半成品、成品、包装材料及其他与生产有关的用品；操作用品，如计量器具、工具箱、运输工具、水管、备用软管、文件资料等；办公用品，如办公桌椅、台账、文具盒、资料柜（箱）等；卫生用具，如扫帚、拖把、垃圾桶、抹布、提桶等；其他，如消防设施、空调、电扇、报架等。

（3）定置管理的要求　各类物品、用具分类定置，定置区标志线清楚、明显，物品摆放整齐有序，品名标示、标准有明确的责任人；严禁摆放不属于本定置区的非定置物品；保持定置物品及环境的卫生，每班清扫、除尘，符合文明生产要求；工具及用具按部就位，使用完毕后及时归位，由责任人负责每班清点。

三、工艺查证

为了使生产部的生产严格按产品工艺和岗位操作规程进行，应建立工艺查证制度。生产人员必须严格遵守工艺及岗位操作法的各项规定，及时、准确、如实地做好生产记录。工艺技术人员定期组织技术培训向有关人员讲解工艺及有关知识，定期考核以便工人能熟练掌握操作内容、原理和要求。

操作中发现不正常现象，操作者必须立即报告工艺员、QA 监督员和班组长，共同分析原因，寻求解决办法。执行岗位操作法以自检为主，班组成员之间及班组之间应由班组长检查。生产部质检员每天对岗位操作法执行情况及生产记录进行检查，并填写工艺查证记录，生产部负责人经常检查质检员对工艺查证的情况。公司技术负责人、生产部正、副经理、工艺员、QA 监督员应经常检查岗位操作法及工艺执行情况，对执行好的车间班组及时给予表彰，发现问题及时整改，并视情节轻重予以教育或处分，以切实保证工艺和岗位操作法的严格执行。

工艺查证记录如表 3 - 3 所示。

表 3 - 3　工艺查证记录

编码：　　年　　月　　日　　班次：

工艺查证	操作者	工艺查证内容	查证情况	
			正确	偏离
粉碎过筛岗位		1. 机器、工具使用前消毒； 2. 筛网完好； 3. 除尘效果； 4. 有无黑杂点； 5. 称量复核； 6. 工艺卫生； 7. 原始记录的填写		
配料岗位		1. 机器、工具使用前消毒； 2. 筛网选择； 3. 黏合剂种类、浓度； 4. 制粒效果； 5. 干燥物料温度、时间； 6. 整粒效果； 7. 总混时间； 8. 工艺卫生； 9. 原始记录的填写		

续表

工艺查证	操作者	工艺查证内容	查证情况	
			正确	偏离
压片岗位		1. 设备、工具使用前消毒； 2. 岗位温、湿度； 3. 片重和片重差异； 4. 崩解、硬度； 5. 工艺卫生； 6. 原始记录的填写		
胶囊充填岗位		1. 设备、工具使用消毒； 2. 岗位温、湿度； 3. 粒重和粒重的差异； 4. 溶出度、崩解； 5. 工艺卫生； 6. 原始记录的填写		
内包装岗位		1. 设备、工具使用消毒； 2. 岗位温、湿度； 3. 工艺卫生； 4. 原始记录的填写		
外包装岗位		1. 标签名称； 2. 产品规格、批号； 3. 包装批号打印正确无误； 4. 包装正确无误； 5. 原始记录的填写		
备注			查证人	

四、工艺管理

工艺是技术管理的基础，是全厂各部门必须共同遵守的准则，是组织与指导生产的主要依据。凡从事生产的组织管理人员、生产操作工人都必须认真遵守，严格执行，任何人不得擅自改动。正式生产的每种产品都必须制订工艺和岗位技术安全操作法，否则不准生产。新增品种必须制订暂行工艺和岗位技术安全操作法，生产正常后编制正式工艺。

工艺由车间主任等有关人员编写。主管副厂长组织有关科室进行专业审查，生产技术科负责定稿。主管副厂长批准后颁发执行。工艺应有生产技术科长和主管副厂长签名，应有批准执行日期。新增产品工艺应由品种负责人或课题负责人在车间或科室领导下组织有关人员编写。岗位技术安全操作法由车间技术员组织编写，车间技术主任及生产技术科审查，主管生产的副厂长批准执行，报生产技术科备案。岗位技术安全操作法应有车间主任和技术员签字及批准执行日期。

工艺的修订一般不超过 5 年，岗位技术安全操作法的修订不超过 2 年，修订程序相同。在工艺使用期间，工艺如果需修改必须与品种生产有关的车间提出申请并附技术依据资料，按上述审批权限和程序办理修改内容，由生产技术科通知有关部门，并在附页详细记录。

新工艺颁布后，车间应对全体操作工进行工艺教育和工艺控制点的教育，组织考试，考试合格者方可上岗。工艺的解释权属生产技术科，岗位技术安全操作法的解释权属车间主任。工艺是内部资料，必须按密级妥善管理，严防失密。

五、批生产记录和原始记录管理

批生产记录和原始记录是生产、技术、质量和经济活动情况的直接反映，是企业班组管理的重要内容和基础工作。每批药品应有生产记录，包括该批产品制造和检验的全部情况。原始记录由车间技术主任或车间技术员组织生产车间的工段或工序员，根据工艺程序，操作要点和技术参数等内容设计。

批生产记录由车间技术员负责，根据《GMP 实施指南》的格式、原始记录内容以及原料药和制剂各自生产特点进行设计。设计好的原始记录、批生产记录由车间主任审核、签字；生产技术科科长审定、签字，经主管副厂长批准后付印。所有签字和原始记录设计资料由车间存档，批生产记录的设计资料由生产技术科存档。

原始记录由岗位操作人员填写，岗位负责人、岗位技术员审核并签字。批生产记录由岗位技术员分段填写，车间技术员汇总，车间技术主任审核并签字。原始记录要及时填写，数据完整，内容真实，字迹清晰，不得用铅笔填写。不得撕毁或任意涂改，确实需要更改时，应划去后在旁边重写，在更改处签名，不得用刀或橡皮改正。

批生产记录和原始记录按表格内容填写，不得有空格，如无内容填时一律用"－"表示。内容与上项相同的应重复抄写，不得用""″或"同上"表示，品名不得简写。与其他岗位、班组或车间有关的原始记录，应做到一致性、连续性。操作者、复核者均应填写全姓名，不得只写姓氏。填写日期一律横写，如 8 月 1 日，不得写成 1/8 或 8/1。

生产记录复核时，必须按每批原始记录串联复核，不得前后矛盾，必须将记录内容与工艺对照复核。上下工序、成品记录中的数量、质量、批号、桶号必须一致、正确。对原始记录中不符合要求的填写方法必须由填写人更正。

原始记录由班组技术员按批整理。根据原编号，不得缺页、漏页，由本班组按号保存 3 年。批生产记录由车间主任按批整编归档，保存至药品有效期后 1 年，未规定有效期限的药品，其批记录至少保存 3 年。

六、生产过程质量控制点监测管理

为了确保产品的质量，必须对生产过程的质量进行监控。

原辅料使用前应目检其物理外观，核对净重并过筛；液体原辅料应滤过，除去异物。过筛后的原辅料应粉碎至规定细度。配料前应仔细核对原辅料品名、规格、批号、生产厂家及编号，应与检验单，合格证相符。处方计算、称量及投料必须复核，操作者及复核者均应记录上签名。

制粒时必须按规定将原辅料混合均匀，注意黏合剂的浓度及筛网的大小，并要控制好湿颗粒的干湿程度。严格控制干燥温度，防止颗粒融熔、变质，并定时记录温度。干燥过程中应按规定翻料，并记录，要注意干燥程度。整粒与混合整料机的落料漏斗应装有磁铁，除去意外进入颗粒中的金属屑。混合宜采用 V 形混合机进行总混，每次总混量为一个批号。混合机的装量一般不宜超过该机总容积的 2/3。

片剂压片前应试压，并检查片重、硬度、厚度、崩解时限和外观，必要时可根据品种要求，增测含量、溶出均匀度。符合要求后才能开车，开车后应定时（最长不超过 15 分钟）抽样检查平均片重。在包衣过程中，应注意片剂的外观，在包衣后，测定片剂的崩解时限。

胶囊剂灌装前应试灌，并检查装量、崩解时限和外观，必要时可根据品种，增测含量、溶出度或均匀度。符合要求后才能灌装。灌装后应定时抽样检查平均装量，并进行装量差异检查。

对包装生产线上的产品品名、批号、有效期（或使用期）、标签、装箱单（合格证）、装箱质量、装箱数量等应检查核对，使与实物相符。生产现场在换批号和更换品种、规格时，应按清场管理要求进行清场。清场合格后应挂标示牌。

七、现场试验管理

产品工艺路线改革，配方变更，新原料、新设备、新工艺、新材料在生产中使用及鉴定时均应进行现均实验。进行现场试验必须由试验负责人（课题人）办理申请手续，先经车间签署意见，生产技术科审查，主管副厂长批准方可准备试验。必须提供试验的内容和依据，试验需达到目的和方法，以及试验次数和预计完成时间，报生产技术科备案。

生产技术科根据申请报告内容，进行初步审核并附审核意见报主管副厂长。主管副厂长召集有关专业人员和部门进行可行性调查和研究，由总工决定试验是否进行。由主管副厂长批准的试验，试验参加人员和试验负责人切实做好实验前准备工作。

试验所用的原辅料，必须在试验进行前呈送计划到生产技术科核实，经主管副厂长批准，提交供应部门采购。试验时由试验负责人通知生产技术科，生产技术科根据试验要求必要时派员参加，或会同有关科室到现场监护进行以利于试验顺利进行。

现场试验做好原始记录，使其能准确完全反映试验的全过程。试验成功后，由现场试验负责人写出总结报告，呈送生产技术科审核，上报总主管厂长。

现场试验成功后的总结材料，对照所在岗位对工艺进行修订。修订初稿报送生产技术科，主管厂长批准后，方可增补进工艺内容，在生产上贯彻实施。现场试验经鉴定有效的成果，视其效益大小予以奖励。技术档案资料员将现场试验成功报告材料内容，收集整编归档。

八、生产工艺验证管理

凡对中间体或成品的质量要求及特性能造成差异的生产工序、设备、分析方法等均应列为验证的内容。要用数据正确控制生产工序，使每一环节处于正常状态，使产品能符合设计目标。采用一切新的工艺处方和方法或对老工艺改动时，均应进行验证，以证明该工艺符合质量要求；新引进的设备及仪器启用前，要确认是否达到原设计的技术参数；在同时使用数台设备生产同一批号的同一产品时，要验证几台设备是否具有同一性能；对操作人员的技术水平及熟练程度，要验证其操作的正确性；主要原材料供应渠道发生变化时，要验证其是否符合原制定的质量标准；称量、测量器具要首先确认其标准性。

生产工艺验证的程序：生产部组织有关人员制定验证方案，包括验证目的、要求、质量标准、实施条件、方法、时间等。

验证方案的审查和批准：总工办负责人审查验证方案的完整性及检验规格与质量标准吻合的一致性，并由批准人签名，生产部组织有关人员按制定的验证方案实施验证。

收集、整理验证结果，并根据最终结果作出最终结论。验证的所有人员审查验证结果并加以评论，最终由验证总负责人批准。发放验证证书，已验证合格的工艺可交付正常使用。

九、产品档案管理

产品档案是生产技术的主要内容，是加强企业技术基础管理工作的重要组成部分，也是产品不断更新换代的技术资料。

产品档案包括产品批文、产品说明、生产简史、工艺路线概要、原料、中间体、成品质量规格等；原材料更改，工艺更新的小试，中试报告，生产过程中有关重大问题的处理报告；历年各产品技术经济指标，技术分析；历年工艺，岗位操作法，工艺管理控制点；协作单位的信函以及有关研究资料，报告等；外出学习，交流的书面材料，总结或论著；同品种生产单位的有关资料，同品种交流会材料，或外单位赠送的技术资料等（如工艺、操作法、产品质量制度攻关课题研究材料等）；全厂产品生产技术方面的长短规划，设想及研究方案。上述产品档案内容归生产技术科统一收集管理。

产品档案要做到衔接性、系统性、内容完整和字迹清晰。各产品应按年度或课题和项目，待工作结束后，整理好档案、资料，根据其内容分门别类别编号入档。产品档案应根据生产、科研等过程中自然形成，整理编目装订成册，交技术资料室，资料管理人员办理交接签字手续。

原则上规定主管该产品的技术人员可查阅该产品档案，查阅跨产品档案应经主管科室（或主管领导）同意后，只限在资料室查阅。确因工作需要，借阅者应经主管科室（或主管领导）批准后，方可办理借阅手续，限期交还。任何单位和个人不得擅自将产品档案等资料赠送外单位，遇特殊情况或对外交流，需经主管厂长批准方可借出。保密级产品档案或资料，不得查阅和借阅。确因工作需要者，经请示主管厂长同意后，必须有资料室管理人员在场查阅，不抄写，不复印。

十、联锁式传递柜（门）操作

传递柜的操作如下。检查传递柜（门）是否清洁卫生，是否联锁完好。打开传递柜（门）的一扇门，并将物料放入其中，关好门。开启紫外灯消毒 30 分钟。从另一侧打开另一扇门，将物料取出，关好门，关闭紫外灯。

操作过程中应注意，一侧门已打开时，不能强行打开另一扇门。门不能长期打开，放入或取出物料后须立即关好门。每班生产结束后必须对传递柜进行清洁，传递室中的清洁卫生由洁净度高的一方负责。

第五节 安全、卫生管理

一、消防管理

必须设立消防管理专管员负责消防安全工作。消防专管员必须每天对全厂进行安全巡回检查，并做好记录，发现消防隐患，及时进行整改、排除。整个公司必须装有与之相适应的、人人会使用的简易的防灭火器，以便对付突发的消防事故。整个公司必须装有一定数量的消防器材，如灭火器，消防水枪，皮带管道，由消防专管员负责管理。消防专管员必须每天对消防器材、车间的消防安全门进行检查，以便能随时使用和开启，对于生锈不能使用的器材必须及时更换。

生产车间禁止动用明火，如生产需要必须进行申请明火动火证，使用明火时不得离人，严禁带火源进入车间，严禁在车间抽烟。禁止带火源进入仓库，禁止在仓库内吸烟。根据需要设危险品专用储库，易燃易爆品必须存放在危险品仓库，并严格按《危险品安全管理制度》进行管理。

不得将化学性质与防火、灭火方法相抵触的物品贮存在一起。中心实验室及车间化验室在使用电炉、烘箱、变压灭菌锅时必须注意消防安全检查，做到小心使用，正确操作，人离电断。化验室在使用易燃易爆、有机溶剂时必须严格操作，且废弃的有机溶剂不得随意倒入水道中，以免积蓄爆炸。

二、岗位技术安全操作法管理

凡正式产品都应制订岗位操作法。岗位操作法由车间技术人员根据工艺编写，经车间技术主任批准，报生产技术部门备案后执行。岗位操作法，每1～2年审核修订一次。遇有重大工艺改革或变动较多时，提前及时修改。修改稿的编写、审查、批准与制订时相同。需要临时修改时，由车间（班组）提出申请，审查、批准程序与制订时相同。

制剂岗位操作法的编写内容包括：操作方法与过程，重点操作的复核与复查，劳动保护与安全操作注意事项，异常情况的处理和报告，设备维护和使用，工艺卫生要求，计量器具的检查与核正，附录（有关理化常数、计算公式、换算表），附页（供修改时剑记批准日期、文号和说明文字之用）。

各种工艺技术参数和技术经济定额的度量衡单位，按国家规定采用国际计量单位。成品名称以《中国药典》或药品监督管理部门批准的法定名为准。原材料名称一律采用通用名，不得随意简写。新工人或调入新岗位的操作人员，上岗前均应进行岗位操作法和产品生产工艺的培训，经考核合格后发给证书，上岗操作。

三、工艺卫生管理制度

药品在生产过程中（包括原辅料预处理）必须保证清洁卫生。班前班后，均需彻底清扫，做到玻璃透亮，墙壁、门窗、工作台无尘埃，地面无杂物，设备见本色。

生产场所不准吸烟，吃东西，非生产用品不得带入生产现场，不得利用生产设施洗涤、烘烤其他物品。进入生产现场，必须穿戴有相应卫生要求的工作衣、帽、鞋、口罩，不准穿戴工作衣、帽、鞋离开生产现场。直接接触药品的操作人员，必须洗手、消毒或戴手套。

员工要定期进行健康检查，凡患肠道传染病、传染性肝炎、活动性肺结核、化脓性或渗出性皮肤病（包括脓肿、疮疖、湿疹、手癣等）者，不得从事直接接触药品的工作。

各工序调换品种时，必须严格执行清场制度，保证容器、机械设备、包装物料、场地清洁。包装使用的包装材料，必须清洁干燥，不得有灰尘、霉烂、虫蛀鼠咬等。原辅料进入车间，均应在原料暂存间，按品种规格堆放整齐，封闭保存，并有领、发、核对手续，桶袋清洁，有专人负责管理。凡生药材处理后，不论转移到任何岗位必须有干净的器具包装，严防污染。药液配制后，应当天使用，如有特殊情况，应密闭冷藏，使用的蒸馏水器或药液管道要有定期拆洗消毒制度。

控制区除符合上述条件外，还应做到：操作人员应穿戴只限本区域使用的工作服和其他劳动保护用品，并不得穿离控制区。设备、容器、工具、管道等应经常保持内外清洁。外包装材料应彻底清洁后才可进入控制区。

洁净区还应由专人定时进行清洁、消毒、定点测定（动、静态）菌落数、洁净度。洁净区操作人员不得留长发、戴饰物和手表，必须每天洗澡、洗内衣，洁净工作服（包括鞋、帽、口罩）应编号，并每班清洗，灭菌一次，定期抽验灭菌程度。在洁净室操作每半小时必须消毒一次手，需要外出时必须按穿着洁净工作服的相反顺序脱下工作服，放置规定的地方，带入洁净区的物品必须按规定灭菌。

四、产品清场管理

生产车间各工序在更换品种及规格时，应彻底清理生产场所，避免发生混药事故。

对清场的检查细则：①地面无积灰、结垢，门窗、灯具、风管、墙面、开关箱等无积灰，室内不得有与生产无关的杂品；②每批生产中使用的工具、容器应清洁无异物，无前次产品的遗留物，更换品种应拆洗模具；③设备内外无前次生产遗留的药品物料，无油垢；④非专用设备、管道、容器、工具应按清洗制度拆洗或灭菌；⑤直接接触药品的机器、设备、工具容器应每天或每批清洗，同一设备连续加工同品种、同规格非灭菌产品时，应每批清洗一次；⑥包装场所调换药品品种、规格时，多余的标签及包装材料应全部按规定处理；⑦清场完毕后即填写清场记录，其内容包括工序、清场前品名、规格、批号、清场项目、检查情况、清场人员、复核人等；⑧清场完毕后由生产现场质检员复核，合格发给"清场合格证"，并作为下批的生产许可凭证附入生产记录。没有"清场合格证"不得进行下一批产品的生产。

五、洁净区卫生管理

洁净区的卫生管理除了达到一般生产区卫生管理的全部要求以外，还要达到以下各项要求。洁净区各工作室的门不论生产或非生产时，均应及时关闭；对人员进行管理；洁净区内所用的各种器具、容器、设备、工具需用不易发尘的材料制作，并按规定程序进行清洁，方可进入洁净区。

应尽量减少使用不易清洗的带有凹凸面的橱柜和设施。洁净区内不得使用铅笔、橡皮擦、记事板等。洁净区空调连续运行，生产间歇时空调由值班风机做值班运行，使洁净室保持正压。洁净室不得安排三班生产，每天必须有足够的时间用于清洁，更换产品时要保证有足够的时间清场、清洁。

全体员工每年要进行体检一次，并建立个人健康档案，只有体检合格者才能上岗；凡发现患有传染病、隐性传染病、精神病、外伤皮肤病及过敏等疾病者要及时调离洁净区，绝对不允许从事接触药品及与之相关的工作。因以上原因离岗者，在疾病治疗、身体恢复健康后要持有县级以上医院开具的有效证明方能重新上岗。

个人要勤洗澡洗头，没有头皮脱落，勤理发、剃须、剪指甲，不允许涂脂抹粉及其他护肤品，不允许戴饰物、手表、手镯。

进出洁净区，按进入控制区更衣程序进行。进入洁净区，消毒后不得再做与生产无关的动作，不得再接触非生产用品。

洁净服（帽、鞋、手套、口罩）要求不掉纤维，不产生静电粘附粒子，无明显的磨损、破损现象；洁净区工作服不设口袋、线条简单，接缝处无外露纤维，领口要扣好，袖口、裤口等要加松紧带；洁净服专人专用，不得穿离洁净区；洁净服在每年的4~10月要每天换洗，其他时间如是同一产品连续生产，每2天洗一次，换产品时，工作服必须换洗；洁净区工作服在洁净区洗涤；洗净的工作服装入专用的干净的塑料袋内；洗净的工作服由洗涤工及时按工号分发到使用者的二更衣柜内。

六、一般生产区卫生管理

一般生产区要求门、窗、墙壁清洁卫生，无不清洁死角。地面平整、清洁，无杂物，无苍蝇、无老鼠等。

进入一般生产区必须进行更衣，严禁不穿戴工作服、鞋、帽进入生产车间。一切非生产用品不得带入车间，不得在车间内吸烟、吃饭、睡觉、会客，不得从事与生产无关的活动。生产中的废弃物应放在设置的容器内，并及时清理。一般生产区应有相应卫生工具，使用后必须及时清洁并存放于规定位置，不得对药品生产环境产生影响。非生产人员不准私自进入一般生产区，特殊情况需经生产现场管理人员同意。

新进员工必须经体检合格后，才能上岗；工作期间，每年必须体检一次。发现患有传染病、隐性传染病、皮肤病及精神病应及时上报主管领导，并调整工作岗位。因病离岗的工作人员，康复后需持县级以上医院的健康合格证明方可重新上岗。

每日上岗前应在更衣室穿好工作服，随时注意保持个人清洁卫生，做到勤剪指甲、勤理发剃须、勤换衣、勤洗澡；不得化妆和佩戴饰物。

工作服应有个人编号，专人专用；工作服按规定每周清洗2次，并做好记录。

七、洁净区更衣室管理

进入洁净区各工作室必须遵照控制区更衣程序进行更衣。洁净区更衣室男女分开，均设有更鞋室、一更室、二更室。更鞋室设有更鞋柜，鞋柜外侧柜为存放员工个人的鞋，内侧柜存放工作鞋，不得放错。

一更室衣柜存放自己的外衣和员工自带的小包；二更室柜存放工作服。更鞋柜、更衣柜均按工号编号，员工根据自己的工号对号使用，不得乱用。

保持更鞋室、更衣室的清洁卫生，不准存放非本室所需的物品，不准将私人物品带进二更衣室，尤其严禁将食品带入。

更鞋室、更衣室每天要清扫地面，每周要彻底清洁一次，擦洗门窗，做到室内无蜘蛛、无蚂蚁等。更衣室的清洁按更衣室清洁程序进行，更衣室内的洗手池是供员工上班洗手、消毒手专用，不准在更衣室洗手池洗涤其他物品，做到每天清洗一次洗手池。

八、工作服清洗管理

凡进入生产区的工作服必须进行编号（参观工作服除外），专人专用，专人清洗和发放。洁净区所有操作员工的工作服在洁净区清洗，禁止将工作服带出洁净区外洗涤，洗衣间的洁净度应与生产区的洁净度相同。

外包装班的工作服、鞋，每周清洗两次。洁净区操作员工的工作服 4～10 月每天清洗，其他时间每两天洗一次；换产品时必须将工作服送交洗衣间清洗。

每岗位工作服单独洗涤，最多一次洗涤 5 套，采用中性洗衣粉洗涤，用量每次20g。先用饮用水、洗衣粉洗涤，再用纯化水冲洗干净。洁净区的工作服洗涤烘干后用干净塑料袋封好，按工号放到更衣室的更衣柜中备用。

九、卫生工具管理

一般生产区的卫生工具只限于非洁净区域使用，并存放于一般生产区卫生工具存放区，严禁混淆使用、存放。一般生产区的卫生用具贴有红色标签，绝对不允许在洁净区使用。

洁净区卫生工具限在洁净区域内使用。洁净区的撮箕为统一制作的不锈钢撮箕，并有蓝色标记，既与非洁净区区别，又与生产工具区别；洁净区的扫把有蓝色或绿色标记。洁净的撮箕、扫把应在卫生工具清洗间进行清洁和消毒。洁净的抹布有蓝色（绿色）、黄色、白色（或其他色）。蓝（绿）色为清洗生产工具专用，该类抹布清洗、消毒、烘干在清洗室进行；黄色抹布为清洗墙壁、门窗所用，该类抹布的清洗消毒在卫生工具清洗间进行；白色抹布（或其他色的）为一次性抹布，主要用于清洗机器设备油污、地漏水池存水弯用，用后应丢弃。

十、车间排水系统管理

车间的地漏、下水管道管理应根据岗位明确责任人，做到每个地漏、下水管道都有专人负责管理。车间地漏、下水道及车间外排水沟应保持清洁、畅通。洁净室内地漏必须设有水弯或水封闭装置。设在洁净室的地漏，要求材质不易腐蚀，不易结垢，有密封盖，开启方便，能防止废水废气倒灌，允许冲洗地面时临时开盖，不用时则盖严。禁止将纤维、难溶块状物等倾入车间地漏或水道中。应定期对下水道及排水沟进行疏通、清理，必要时还应根据工艺需要，灌以消毒剂消毒灭菌。

为确保地漏的清洁卫生，每次清场时，开启密封盖，使生产废水通过地漏从管道排出，清场完毕，用毛刷刷洗地漏及密封盖，用饮用水冲洗地漏及密封盖至清洁干净，盖好密封盖，加入 30ml 4% 苯酚液或 84 消毒液对地漏进行水封，以防空气倒灌，每周用 84 消毒液或 4% 苯酚液对地漏消毒灭菌一次。

十一、车间污物、废物管理

车间必须设有污物、废物临时贮存器。生产中产生的污物、废物不得随意乱抛、乱放，必须随时进行清理并置临时贮存器中。每天下班前卫生清洁人员必须清理废物贮存器，将污物、废物清理出生产车间。生产车间设有污物、废物出口［联锁式传递柜（门）］，要按联锁式传递柜（门）操作法正确操作，防止空气倒流。

第四章 ▶ 制药工艺用水的制备与操作

第一节 概 述

《药品生产质量管理规范（2010 年修订)》规定，制药用水应当适合其用途，并符合《中国药典》的质量标准及相关要求。制药用水至少应当采用饮用水。水处理设备及其输送系统的设计、安装、运行和维护应当确保制药用水达到设定的质量标准。水处理设备的运行不得超出其设计能力。纯化水、注射用水储罐和输送管道所用材料应当无毒、耐腐蚀；储罐的通气口应当安装不脱落纤维的疏水性除菌滤器；管道的设计和安装应当避免死角、盲管。纯化水、注射用水的制备、贮存和分配应当能够防止微生物的滋生。纯化水可采用循环，注射用水可采用 70℃ 以上保温循环。应当对制药用水及原水的水质进行定期监测，并有相应的记录。应当按照操作规程对纯化水、注射用水管道进行清洗消毒，并有相关记录。发现制药用水微生物污染达到警戒限度、纠偏限度时应当按照操作规程处理。

一、工艺用水的分类及用途

制药工艺用水主要是指制剂配制、使用时的溶剂、稀释剂及药品容器、制药器具的洗涤清洁用水。药品工艺用水依用途可分类原料用水、制剂用水。制剂用水又可分为口服药用水和注射用水。按制备方法和水质可分为饮用水、纯化水和注射用水。

饮用水（potable – water）应符合国家生活饮用水水质标准（GB5749 – 85）。在药品生产中，饮用水可作为药材净制时的漂洗、制药用具的初洗用水，也可作为药材的提取溶剂。

纯化水（purified water）是指用蒸馏法、离子交换法、反渗透法或其他适宜的方法制得的供药用的水，不含任何附加剂。蒸馏水一般用于原料药的精制，制剂的配料，容器的清洗，药品检验试验用水，注射用水的水源等。

注射用水（water for injection）为纯化水经蒸馏所得的水。在质量控制中，注射用水除应符合蒸馏水的标准外，还有控制氨、热原、pH，注射用水用作配制注射剂用的稀释剂。

灭菌注射用水（sterile water for injection）为注射用水依照注射剂生产工艺制备所得的水。灭菌注射用水用于灭菌粉末的溶剂或注射液的稀释剂。

各类水的用途和水质要求见表 4 – 1。

表 4 - 1　各类水的用途和水质要求

水质类别	用途	水质要求
饮用水	制备纯化水的水源； 口服剂瓶子初洗； 设备、容器的初洗 中药材、中药饮片的清洗、浸润和提取	应符合生活饮用水卫生标准（GB5749 - 85）
纯化水	制备注射用水（纯蒸汽）的水源； 非无菌药品直接接触药品的设备、器具和包装材料最后一次洗涤用水； 注射剂、无菌药品瓶子的初洗； 非无菌药品的配料； 非无菌药品原料精制	应符合《中国药典》标准
注射用水	无菌产品直接接触药品的包装材料最后一次精洗用水； 注射剂、无菌冲洗剂配料； 无菌原料药精制； 无菌原料药直接接触无菌原料的包装材料的最后洗涤用水	应符合《中国药典》标准

二、工艺用水的制备

1. 制水原理　饮用水经过净化处理，可以得到纯化水，经再处理后得到注射用水。原水中含有悬浮固体、浮游生物、胶体、无机离子、低分子化合物、溶解性气体等杂质。水质净化的基本原理是利用其含杂质的粒度、极性、热运动的三种特性，通过多孔介质的滤过吸附作用、电渗析、树脂离子交换、蒸馏等除去水中各种杂质，获得纯化水。

2. 纯化水的制备

（1）饮用水→软化→塔式蒸馏器→纯化水。

（2）饮用水→预处理→阴阳混合离子交换→纯化水。

（3）饮用水→预处理→电渗析→纯化水。

（4）饮用水→预处理→电渗析→树脂离子交换→纯化水。

（5）饮用水→预处理→反渗透→纯化水。

（6）饮用水→预处理→反渗透→树脂离子交换→纯化水。

上述六种制备方法都有使用，目前以第（4）种方法应用最为广泛，设置电渗析器主要是为了使原水中的大部分盐分先行除去，减轻树脂床运行负荷，保证出水的质量和数量。

3. 注射用水的制备

（1）纯化水→微孔滤膜滤过→多效蒸馏→注射用水。

（2）原水→反渗透器→微孔滤膜滤过→注射用水。

（3）蒸汽→冷凝→蒸馏→冷却→注射用水。

（4）蒸汽→冷凝→离子交换→蒸馏→冷却→注射用水。

（5）纯化水→多效蒸馏→微孔滤膜滤过→注射用水。

第（1）和第（5）种方法是目前常用的制备注射用水工艺。

反渗透法制备纯水技术是 20 世纪 60 年代发展起来的新技术，由于它操作工艺简单，除盐和除热原效率高，又比较经济，《美国药典》从 19 版开始收载此法，为制备注射用水的法定方法之一。其特点是耗能低，尤其是可制成移动式或小型装置。缺点是对原水处理要求严格、制水量小，不能满足工业生产需要。

反渗透是渗透的逆过程，是指借助一定的推力（如压力差、温度差等）迫使溶液中溶剂组分通过适当的半透膜从而阻留某一溶质组分的过程。

反渗透法制备注射用水的工艺流程为：原水→预处理→一级高压泵→第一级反渗透装置→离子交换树脂→二级高压泵→第二级反渗透装置→纯水。

注射用水和纯化水的区别：在质量要求上，注射用水的质量要求更严格，除一般纯化水的检查项目如氯化物、硫酸盐、钙盐、硝酸盐与亚硝酸盐、二氧化碳、易氧化物、不挥发物及重金属等均应符合规定外，还必须检查 pH、铵盐、细菌、内毒素，而且微生物限度比纯化水严格；在应用上，纯化水可作为配制普通药物制剂用的溶剂或试验用水，不得用于注射剂的配制，注射用水可作为配制注射剂用的溶剂。

三、工艺用水的维护

1. 饮用水的维护 纯化水的水源应符合饮用水标准。特别是天然水，因季节对原水的影响很大，应加强对饮用水水质检查，可每月检查一次部分项目。

2. 纯化水的维护 输送和贮存纯化水的管道和容器的材质要稳定，管线应减少或避免有直角和支管等死角造成污染，可在线消毒，必要时控制微生物数。虽然《中国药典》没有对此作出规定，但据报道，当细菌数量增多，达到 10^3 个/ml 以上时，会导致热原反应。美国药物生产协会规定，纯化水中细菌总数不得超过 10 个/ml。应每两个小时一次在制水工序抽查部分项目。

3. 注射用水的维护 贮水容器采用优质不锈钢材，并密闭贮存，排气口应装无菌滤过器，在 70℃以上保温循环或 80℃以上保温贮存或 4℃以下贮存。在室温下贮存或输送纯化水和注射用水的设备、管道（包括 24 小时内不流动的静止管道）应每周清洗一次、灭菌一次。定期检查水质，注射用水至少每周进行一次全面检查。

四、工艺用水管理规程

生产中所用一切工艺用水必须是经检验合格的，工艺用水管网不得和非生活用水管网直接相连，避免穿过垃圾堆或毒物污染区，并保证水的流动。生产中对纯化水的检测根据纯化水系统操作规程中的相关内容进行，保证工艺用纯化水的质量合格。

纯化水储存不得超过 24 小时。节假日或停产 3 天及以上者，开工之前必须取样检验，质量合格后才能使用。每天第一次用水前，应完全开启龙头 30 秒钟弃去存水。

生产中根据工艺规程规定，各工序工艺用水规定如下：非洁净区地面清洁用水为饮用水；生产用器具初洗用饮用水，消毒后冲洗用水为纯化水；生产器具使用前清洗用水为纯化水；生产中提取用水为纯化水；洁净区用清洁用水及生产用水为纯化水；生产中用于冷却用水统一为饮用水；清洁剂与消毒剂的配制用水统一为纯化水。

第二节　水系统的设计和验证

一、制药用水系统设备的特殊要求

制药用水系统内选用设备的基本特性与非制药用水系统设备的性能并无多大区别。例如，纯化水用除盐设备的基本作用与其他行业的基本相同。制药用水系统只是在对微生物的控制上有其特殊的要求，而系统中采用的水处理设备均围绕控制系统内微生物的要求作相应的处理。

1. 纯化水系统设备的特殊要求　对于纯化水系统来说，水处理流程中的微生物控制始终贯穿于整个处理过程。例如，系统中如果采用活性炭滤过装置或软化器，则因为活性炭的吸附作用而拦截在滤过器上游侧的有机物会不断增多，如果没有相应的除菌措施周期性地对活性炭滤过器进行消毒处理，降低活性炭滤过器上游侧的生物负荷，经过一段时间的使用后，尽管活性炭滤过器本身的功能（降低余氯量和去除有机物）并没有减小，但由于其上游侧的有机物的堆积，会使活性炭滤过器使用后水中微生物的指标超过处理前的进水指标。纯化水的成品贮罐和配水管路要有定期进行微生物消毒的措施。因此，应该根据工艺用纯化水系统内部所采用的水处理设备的功能和特点，围绕控制和减少微生物的污染做工作。

根据所选用的消毒方法，恰当地选择设备的制造材料。如果是采用热处理的方法（巴氏消毒或蒸汽灭菌），则活性炭滤过器或软化器的制造材料应采用耐温的材料，如不锈钢；而当采用化学消毒剂（臭氧或双氧水）时，则设备的制造材料可以不考虑耐温问题，转而考虑设备耐腐蚀的寿命问题，如采用玻璃钢树脂内衬 PE。

纯化水设备还应具备无不流动死水段的特性，全部设备都应该具有能够将系统内部余水放空的能力，系统外部的水也不会倒流回系统而产生污染。

所以，纯化水处理设备和系统管道均应有防止污染和定期消毒处理、降低生物负荷或恢复至有生物负荷水平的能力。

2. 注射用水系统设备的特殊要求　注射用水系统与纯化水系统的要求类似，并且更为严格，尤其重视微生物指标的控制。注射用水系统中的主要设备为蒸馏水机、贮罐、卫生级输送水泵、阀门和输送管道。对于这些设备或零部件，注射用水系统的特殊要求与纯化水系统相比较应更为严格。主要的原则是：控制蒸馏水出水的质量；蒸馏水机能够对自身进行灭菌；以防止蒸馏水机的蒸馏水出水与冷却水可能产生的交叉污染；水泵的卫生管理；系统管道对微生物的滞留和滋生情况；系统用纯蒸汽灭菌等。

3. 对纯蒸汽系统设备的特殊要求　纯蒸汽设备首先应能生产出具有注射用水同样水质指标的纯蒸汽，纯蒸汽的压力在克服管道系统阻力的基础上，能够满足灭菌设备或对系统管道进行湿热灭菌的压力与温度要求。纯蒸汽设备和管道在不使用的时候，能够与大气隔离，不会受到空气中微生物的污染。纯蒸汽设备和蒸馏水机一样，蒸馏器的换热部分应能够防止冷却水泄漏对纯蒸汽产生的污染。

二、制药用水贮存与分配系统的设计

制药用水系统根据工艺用水的要求和具体用水情况的不同，有各种各样的系统设计形式。无论是哪一种系统设计形式，都围绕制药用水的特殊情况，针对工艺用水的制备、贮存、分配输送和微生物控制等方面的要求进行综合性设计。纯化水系统可以单一使用目的的设计，也可以作为注射用水的前道工序来处理。纯化水系统的设计可有多种选择，这些选择与源水的水质、产品的工艺要求及企业的其他实际情况相关，最根本的原则是符合GMP的要求及生产出符合标准的纯化水。

1. 配管的坡度　配管设计中应为管道的敷设考虑适当的坡度，以利于管道的排水。即管道在安装时必须考虑使所有管内的水都能排净。这个要求应作为设计参数在系统中确定。制药用水系统管道的排水坡度一般取1%或1cm/m，此坡度对纯化水和注射用水系统管道均适用。配管系统中如有积水，还必须设置积水排泄点和阀门，但排水点数量必须尽量少。

2. 配水管道参数的计算　制药工艺用水的量是根据工艺过程、产品的性质、制药设备的性能和药厂所处地区的水资源情况等多种条件确定的。

工艺用水量的计算按照两种主要的用水情况进行。一种是根据单位时间工艺生产流程中某种耗水量最大的设备为基础考虑，即考虑工艺生产中最大（或峰值）用水量及最大（或峰值）用水时间；另一种是按照消耗在单位产品上的平均用水量（包括辅助用水）来计算。无论采用哪一种算法，应尽量考虑生产工艺用水的需求，应在药品制造的整个生产周期内比较均匀，并具有规律性；同时应尽量考虑为适应生产发展，水系统未来可能的规模扩展。

（1）生产工艺用水点情况和用水量标准　工艺用水的变化比较大，一般来说，工艺用水点越多，用水工艺设备越完善，每天中用水的不均匀性就越小。制药用水的情况因各个工艺用水点的使用条件不同，差异很大，用水点的用水情况很难简单地确定。必须在设计计算以前确定制药用水系统的贮存、分配输送方式，以确定出在此基础上的最大瞬时用水量。然后，再根据工艺过程中的最大瞬时用水量进行计算。

工艺过程中最大用水量的标准，根据药品生产的全年产量，按照具体每一天分时用水量的统计情况来确定，确定用水量的过程中应考虑所设置的工艺用水贮罐的调节能力。

（2）系统设计流量的确定　设计工艺用水管道，需要通过水力计算确定管道的直径和水的阻力损失。其主要的设计依据就是工艺管道所通过的设计秒流量数值。设计秒流量值的确定需要考虑工艺用水量的实际情况、用水量的变化以及影响的因素等。

（3）管道内部的设计流速　制药用水管道内部的输送速度与系统中水的流体动力特性有密切的关系。因此，针对制药用水的特殊性，利用水的流体动力学特性，恰当地选取分配输送管道内水流速度，对于工艺用水系统的设计至关重要。

制药用水系统的水力计算应仔细地考虑微生物控制对水系统中的流体动力学特性的特殊要求。具体就是在制药用水系统中越来越多地采用各种消毒、灭菌设施；并且将传统的单向直流给水系统改变为串联循环方式。为控制管道系统内微生物的滞留，减少微生物膜生长的可能性等。《美国药典》要求制药用水系统中的水流处于湍流状态。在制药用水系统中，只有当水流过程的雷诺数 Re 达到 10 000，真正形成了稳定的湍流时，才能够有效地造成不利于微生物生长的水流环境条件。由于微生物的分子量要比水分子量大得多，即使管壁处的流速为零，如果已经形成了稳定的湍流，水中的微生物便处在无法滞留的环境条件中。如果流速过低、管壁粗糙、管路上存在死水管段的结果，或者选用了结构不利于控制微生物的阀门等，微生物就完全有可能依赖于由此造成的客观条件，在工艺用水系统管道的内壁上积累生成微生物膜，从而对制药用水系统造成微生物污染。

（4）制药用水系统管道的阻力计算　工艺用水管道的水力计算通常根据各用水点的使用位置，先绘出系统管网轴测图，再根据管网中各管段的设计秒流量，按照制药用水的流动应处于湍流状态，即管内水流速度大于2m/s的要求，计算各管段的管径、管道阻力损失，进而确定工艺用水系统所需的输送压力，选择供水泵。

三、纯化水系统的验证

（一）安装确认

1. 纯化水系统安装确认所需文件　①由质量部门或技术部门认可的流程图、系统描述及设计参数；②水处理设备及管路安装调试记录；③仪器仪表的鉴定记录；④设备操作手册及标准操作、维修规程。

2. 纯化水系统安装确认的内容　纯化水系统的安装确认主要是根据生产要求，检查水处理设备和管道系统的安装是否合格，检查仪表的校准以及操作、维修规程的编写。

（1）纯化水制备装置的安装确认　纯化水制备装置的安装确认是指机器设备安装后，对照设计图纸及供应商的技术资料，检查安装是否符合设计及规范。纯化水处理装置主要有机械滤过器、活性炭滤过器、水泵、蒸馏水机等，检查的项目有电气、连接管道、蒸汽、仪表、供水、滤过器等的安装、连接情况。

（2）管道分配系统的安装确认　管道及阀门的材料选用不锈钢（304、316L等型号），其特点是钝化后呈化学惰性，易于消毒，工作温度范围广。

①管道的连接和试压　纯水输送管道应采用热熔式氩弧焊焊接，要求内壁光滑，应检查焊接质量。一般采用自动氩弧热熔式焊机，根据设备手册先确定焊接控制参数，如电流大小、频率等，然后再按照此焊接参数几个接头，如符合要求，以后在安装时可控制在这些焊接参数内，可保证焊缝平整光滑。焊接结束后再用去离子水进行试压，实验压力为工作压力的1.5倍，无渗漏为合格。

②不锈钢管道的处理（清洗、钝化、消毒）　可大致分为纯化水循环预冲洗→碱液循环清洗→纯化水冲洗→钝化→纯化水再次冲洗→排放→纯蒸汽消毒等几个步骤。

纯化水循环预冲洗：用一个贮液罐和一台水泵，与需钝化的管道连成一个循环通路，在贮液罐中注入足够的常温去离子水，用水泵加以循环，15分钟后打开排水阀，边循环边排放，最好能装一只流量计。

碱液循环清洗：准备NaOH化学纯试剂，加入热水（温度不低于70℃）配制成1%（V/V）的碱液，用泵进行循环，时间不少于30分钟，然后排放。

冲洗：将纯化水加入，启动水泵，打开排水阀排放，直到各出口点水的电阻率与罐中水的电阻率一致，排放时间至少30分钟。

钝化：用纯化水及化学纯的硝酸配制8%的酸液，在49~52℃温度下循环60分钟后排放。或用3%氢氟酸（V/V）、20%硝酸（V/V）、77%纯化水配制溶液，溶液温度在 25 ~ 35℃，循环处理 10 ~ 20 分钟。然后排放。

初始冲洗：用常温纯化水冲洗，时间不少于 5 分钟。

最后冲洗：再次冲洗，直到进、出口纯化水的电阻率一致。

纯蒸汽消毒：将清洁蒸汽通入整个不锈钢管道系统，每个使用点至少冲洗 15 分钟。

上述清洗、钝化、消毒过程及其参数应加以记录。

完整性试验，贮水罐上安装的各种通气滤过器必须做完整性试验。

3. 仪器仪表的校准 纯水处理装置上所有的仪器仪表必须定期校验或认可，使误差控制在允许的范围内。纯水处理常用的仪表有：电阻（导）仪、时间控制器、流量计、温度控制仪/记录仪、压力表以及分析水质用的各种仪器。需要强调的是紫外光灯（UV）等应引起格外的重视，紫外光灯校准的参数是：波长、光强度以及显示使用时间的时钟。

4. 操作手册 列出纯化水系统所有设备操作手册和日常操作、维修单。

（二）运行确认

纯化水系统的运行确认是为证明该系统是否能达到设计要求及生产工艺要求而进行的实际运行试验，所有的水处理设备均应开动，运行确认的主要内容如下。

1. 系统操作参数的检测

（1）检查纯水处理各个设备的运行情况。逐个检查所有的设备，如机械滤过器、活性炭滤过器、软水器、RO 主机、蒸馏水机运行是否正常，检查电压电流、大炉蒸汽、供水压力。

（2）测定设备的参数。各个设备有不同的要求，如机械滤过器主要是去除悬浮物，活性炭滤过器主要除有机物和氯化物。软水设备除 Ca^{2+}、Mg^{2+}。通过化验分析每个设备进、出口处的水质来确定该设备的去除率、效率、产量，检查是否达到设计要求。水质分析的指标应根据该设备的性质和用途来确定，可对照操作手册上的参数来进行。如应测定其电阻率、流量、pH、Cl^- 以及阳离子交换树脂的牌号、数量、交换能力、再生周期和每次再生用量。

（3）检查管路情况，堵漏、更换有缺陷的阀门和密封圈。

（4）检查水泵，保证水泵按规定方向运转。

（5）检查阀门和控制装置工作是否正常。

（6）检查贮水罐的加热保温情况，纯化水可在 60 ~ 70℃左右贮藏。

2. 纯化水水质的预先测试分析 在正式开始纯化水监测（验证）之前，先对纯化水水质进行测试，以便发现问题及时解决。测试项目主要是化学指标及微生物指标，测点可选择在去离子器（或反渗透装置、蒸馏水机）出口处。

（三）性能确认

纯化水系统按照设计要求正常运行后，记录日常操作参数，然后取样测试。

1. 纯化水的初期验证 纯化水系统按照设计要求安装、调试、运转正常后即可进行验证。验证需 3 周，包括 3 个验证周期，每个验证周期为 5 天（5 个工作日，也可定为 7 天）。

每次取样前，必须先冲洗取水口，并建立起采样规程，以后使用时亦按此办理。

①纯化水贮水罐，在3个验证周期内天天取样，并记录水温。

②总送水口，在3个验证周期内天天取样，并记录水温。

③总回水口，在3个验证周期内天天取样，并记录水温。

④各使用点，每个验证周期取水1次，共3次（重新取样除外）。记录使用点水温。

纯化水水质分析主要有化学指标、温度、电阻率及微生物指标。合格标准及分析方法应按照《中国药典》或企业的标准。全部取样点每次取样均需做微生物测试；每个使用点每个验证周期测一次化学指标，全部验证共测3次化学指标。

由于取样、化验等因素，有时会出现个别取样点水质不合格的现象，这时必须考虑重新取样化验。

①在不合格的使用点再取一次样。

②重新化验不合格的指标。

③重测这个指标必须合格。

2. 纯化水的后期验证 纯化水的后期验证应根据日常监控程序完成取样和测试，积累所有数据后加入到初期验证的报告中。表4-2为纯化水日常监测计划。

表4-2　纯化水日常监测计划

采样点	系统运行方式	测试状态	采样频率	监控指标
最远处使用点的回水支管	批量式或连续式	生产	每天1次	化学、微生物
送回水总管及支管	批量式或连续式	生产	每周1次	微生物
各使用点轮流采样	批量式或连续式	生产	每月1次	微生物
	批量式或连续式	生产	每周1次	微生物
最远处用水点	批量式或连续式	生产	每天1次	化学、微生物
贮罐	批量式	生产	每个周期1次	化学、微生物
	连续式	生产	每周1次	化学、微生物

（四）验证周期

（1）纯化水系统新建或改建后（包括关键设备和使用点的改动）必须作验证。

（2）纯化水正常运行后一般循环水泵不得不停止工作，若较长时间停用，在正式生产1周前开启纯水系统并做3个周期的监控。

（3）活性炭滤过器、纯化水管道一般每周用清洁蒸汽消毒1次。

（4）纯化水的日常监控计划见表4-2的要求。

四、注射用水系统的验证

注射用水系统的验证与纯化水系统的验证工作大致相同。在运行确认中，测试注射用水的取水点应为蒸馏水机的总产水口，测试项目主要为热原。性能确认中，水质监测的周期、频率与纯化水基本相当，取水点分布亦与纯化水相同，但制水岗在线监测的指标还应该增加温度一项。

第三节 纯化水生产工艺和操作

一、纯化水生产工艺

本品是采用饮用水作原料，经预处理，反渗透及离子交换混合方法制取的高纯度水。作为溶剂和稀释剂，用于非无菌药品的配料，直接接触药品的设备、器具和包装材料最后一次洗涤用水、非无菌原料药精制工艺用水、制备注射用水的水源、直接接触非最终灭菌药品的包装材料粗洗用水等。

（一）生产流程

原水（饮用水）→砂滤→碳纤维滤过→精滤→反渗透器滤过→混合床离子树脂交换→紫外灯灭菌→微孔滤过器滤过→纯化水。

（二）工艺过程及技术参数

酸碱度：中性，参照《中国药典》纯化水操作，甲基红不得显红，溴麝香草酚蓝不得显蓝色。

氯化物、硫酸盐与钙盐：参照《中国药典》检查，均不得发生浑浊。

硝酸盐：≤0.000006%。

亚硝酸盐：≤0.000002%。

氨：≤0.00003%。

二氧化碳：参照《中国药典》检查，不得发生浑浊。

易氧化物：参照《中国药典》检查，粉红色不得完全消失。

不挥发物：不得过1mg。

重金属：≤0.00005%。

电阻率：≥0.5MΩcm。

微生物指标：应不能检出。

（三）质量标准

纯化水

Chunhuashui

Purified Water

H_2O 18.02

本品为蒸馏法、离子交换法、反渗透法或其他适宜的方法制得供药用的水，不含任何附加剂。

【性状】本品为无色的澄明液体；无臭，无味。

【检查】**酸碱度** 取本品10ml，加甲基红指示液2滴不得显红色；另取10ml，加溴麝香草酚蓝指示液5滴，不得显蓝色。

氯化物、硫酸盐与钙盐 取本品，分置三支试管中，每管各50ml。第一管中加硝酸5滴与硝酸银试液1ml，第二管中加氯化钡试液2ml，第三管中加草酸铵试液2ml，均不得发生浑浊。

硝酸盐　取本品 5ml 置试管中，于冰浴中冷却，加 10% 氯化钾溶液 0.4ml 与 0.1% 二苯胺硫酸溶液 0.1ml，摇匀，缓缓滴加硫酸 5ml，摇匀，将试管于 50℃ 水浴中放置 15 分钟，溶液产生的蓝色与标准硝酸盐溶液［取硝酸钾 0.163g 加水溶解并稀释至 100ml，摇匀，精密量取 1ml，加水稀释成 100ml，再精密量取 10ml，加水稀释成 100ml，摇匀，即得（每 1ml 相当于 $1\mu gNO_3$）］0.3ml，加无硝酸盐水 4.7ml，用同一方法处理后的颜色比较，不得更深（0.000006%）。

亚硝酸盐　取本品 10ml，置纳氏管中，加对氨基苯磺酰胺的稀盐酸溶液（1→100）1ml 及盐酸萘乙二胺溶液（0.1→100）1ml，产生的粉红色，与标准亚硝酸盐溶液［取亚硝酸钠 0.750g（按干燥品计算）加水溶解，稀释至 100ml 摇匀，精密量取 1ml，加水稀释成 100ml，摇匀，再精密量取 1ml，加水稀释成 50ml，摇匀，即得（每 1ml 相当于 $1\mu gNO_2$）］0.2ml，加无亚硝酸盐水 9.8ml，用同一方法处理后的颜色比较，不得更深（0.000002%）。

氨　取本品 50ml，加碱性碘化汞钾试液 2ml，放置 15 分钟；如显色，与氯化铵溶液（取氯化铵 31.5mg，加无氨水适量使溶解并稀释成 1000ml）1.5ml，加无氨水 48ml 与碱性碘化汞钾试液 2ml 制成的对照液比较，不得更深（0.00003%）。

二氧化碳　取本品 25ml，置 50ml 具塞量筒中，加氢氧化钙试液 25ml，密塞振摇；放置，1 小时内不得发生浑浊。

易氧化物　取本品 100ml，加稀硫酸 10ml，煮沸后，加高锰酸钾滴定液（0.02mol/L）0.10ml，再煮沸 10 分钟，粉红色不得完全消失。

不挥发物　取本品 100ml，置 105℃ 恒重的蒸发皿中，在水浴上蒸干，并在 105℃ 干燥至恒重，遗留残渣不得过 1mg。

重金属　取本品 40ml，加醋酸盐缓冲液（pH 3.5）2ml 与硫代乙酰胺试液 2ml 摇匀，放置 2 分钟与标准铅溶液 2.0ml 加水 38ml 用同一方法处理后的颜色比较，不得更深（0.00005%）。

二、纯化水系统的消毒和灭菌

1. 巴氏消毒　巴氏消毒常指低温灭菌，用 80℃ 以上的热水循环 1~2 小时，采用这一消毒手段的纯化水系统，其微生物污染水平通常能有效地控制在低于 50cfu/ml 的水平。由于巴氏消毒能有效地控制系统内源性微生物污染，一个前处理能力较好的水系统，细菌内毒素则可控制在 5EU/ml 的水平。

2. 臭氧消毒　在水处理系统中，水箱、交换柱以及各种滤过器、膜和管道均会不断地滋生和繁殖细菌，目前在高纯水系统中能连续去除细菌和病毒的最好方法是用臭氧。使用臭氧消毒并在用水点前安装紫外光灯减少臭氧残留，是制药用水系统尤其是纯化水系统消毒的常用方法之一。

臭氧的半衰期仅为 30~60 分钟，由于它不稳定、易分解，无法作为一般的产品贮存，因此需在现场制造。用空气制成臭氧的浓度一般为 10~20mg/L，用氧气制成臭氧的浓度为 20~40mg/L。含有 1%~4%（质量比）臭氧的空气可用于水的消毒处理。

臭氧的残留量一般应控制在低于 0.0005 ~ 0.5mg/L 的水平，以免影响产品质量。去除或降低臭氧残留的方法有活性炭滤过、催化转换、热破坏、紫外线辐射等。然而在制药工艺应用最广的方法只是以催化分解为基础的紫外线法。在管道系统中的第一个用水点前安装一个紫外杀菌器，当开始用水或生产前，先打开紫外灯。晚上或周末不生产时，则可将紫外灯关闭。

臭氧最适用于水质及用水量比较稳定的系统，当其发生变化时应及时调整臭氧的用量。当水的混浊度小于 5mg/L 时，对臭氧消毒灭菌的效果影响极微，混浊度增大，影响消毒效果。如果有机物含量很高时，臭氧的消耗量将会升高，其消毒能力则下降，因为臭氧将首先消耗在有机物上，而不是杀灭细菌方面。臭氧具有快速杀菌和灭活病毒的作用，对于除臭、味和色度，一般都有好的效果。氯气则具有持久、灵活、可控制的杀菌作用，在管网系统中可连续使用。所以臭氧和氯气结合起来使用，是水系统消毒较为理想的方式。

3. 紫外线消毒　波长在 200 ~ 300nm 的紫外线有灭菌作用，其灭菌效果因波长而异，其中以 254 ~ 257nm 波段灭菌效果最好。因为细菌中的脱氧核糖核酸（DNA）核蛋白的紫外吸收峰值为 254 ~ 257nm。

水层的厚度同紫外线杀菌效果有很大关系。水流速度不超过 250L/h 的管路，以 30W 的低压汞灯对 1cm 厚的水层灭菌时，灭菌效率可达 90%；对 2cm 厚的水层的灭菌效率为 73%；对 3cm 厚的水层灭菌效率为 56%；对 4cm 厚的水层则下降到 40%。因此，在上述流速条件下，紫外线有效灭菌水层厚度不超过 2.2cm。如果水中含有芽孢细菌，水层厚度应减少至 1.4cm，水的流速减少至 90L/h。如果水中含有泥砂污物，则有效水层厚度还应下降，水流速度亦减小。否则就达不到预期的灭菌效果。

三、纯化水制备岗位操作记录

纯化水制备岗位操作记录如表 4 – 3 和表 4 – 4 所示。

表 4 – 3　纯化水日常监控记录

编码：　　操作人：　　年　　月　　日

纯化水制备起止时间		纯化水输送时间		
日常监控记录				
检测时间＼检测项目	酸碱度	氯化物	氨	进水电导（μs·cm）	出水电导（μs·cm）	终端水质（MΩ/cm）
下班前处理						

表 4 – 4　纯化水生产线操作数据记录

编码：　　　操作人：　　　年　　月　　日

项目 \ 时间								备注
机械过滤器	进口压力							
	进水水质							
活性炭吸附器	出口压力							
	出口水质							
保安过滤器	进口压力							
	出口压力							
一级 RO 装置	淡水进口高压							
	浓水出水高压							
	排水流量							

四、纯化水系统清洁消毒操作

（一）清洗消毒程序

正常情况下，纯化水生产线及其输送管道的清洁消毒操作按不同部件清洗消毒周期分别清洗，长期停用后首次开机前及出现质量问题时应进行清洗消毒。清洁消毒时，应就地清洁，清洁工具用不脱落纤维的抹布等，清洁用水用饮用水、淡水、纯化水。淡水箱每月用淡水冲洗一次，纯化水贮罐上的呼吸器每年更换一次。

1. 清洗消毒方法　原水箱每月定期用自来水冲洗、排污一次，石英砂和活性炭滤过器除了进行必要的反冲洗以外，每天运行之前必须正洗 10 分钟后方可操作设备，活性炭滤过器每月用 3% 双氧水消毒一次。打开活性炭滤过器下的手动排污阀，将其中的存水放净后关闭排污阀。将 1000kg 3% 双氧水加入原水罐，开启活性炭滤过器的上污阀、反洗阀，开原水泵进行消毒。注意控制流速不宜过大，在活性炭滤过器中充满 3% 双氧水后，关闭原水泵，消毒 30 分钟。用饮用水将原水罐冲洗干净后，放入足量的饮用水，开原水泵将管路及活性炭滤过器内的 3% 双氧水冲洗干净。加药箱每次加药前用纯化水清洗两遍。

2. RO 膜（反渗透膜）组件的清洗消毒　每 6 个月清洗一次，一次用量 379kg 纯化水配制成清洗溶液。RO 膜元件清洗液配方见表 4 – 5，RO 膜件污染症状及处理方法见表 4 – 6。

表 4 – 5　RO 膜元件清洗液配方

清洗液	成分	配比比例	pH 调节
1	枸橼酸	7.7kg	用 NaOH 调节 pH 至 4.0
	非离子型洗涤剂	0.4L	
	纯化水	379kg	
2	三磷酸钠	7.7kg	用硫酸调节 pH 至 7.5
	EDTA 四钠盐	3.18kg	
	非离子型洗涤剂	0.43L	
	纯化水	379kg	

表 4-6　RO 膜件污染症状及处理方法

序号	污染物	一般特征	处理方法
1	钙类沉积物（碳酸钙及磷酸钙类，一般发生于系统第二段）	脱盐率明显降低 系统压降增加 系统产水量稍降	用清洗液 1 清洗系统
2	氧化物（铁、镍、铜等）	脱盐率明显降低 系统压降明显升高 系统产水量明显降低	用清洗液 1 清洗系统
3	各种胶体（铁、有机物及硅胶体）	脱盐率明显降低 系统压降明显上升 系统产水量逐渐减少	用清洗液 2 清洗系统
4	硫酸钙（一般发生于系统第二段）	脱盐率明显降低 系统压降稍有或适度增加 系统产水量逐渐降低	用清洗液 2 清洗系统
5	有机物沉积	脱盐率可能降低 系统压降明显增加 系统产水量明显降低	用清洗液 2 清洗系统
6	细菌污染	脱盐率可能降低 系统压降明显增加 系统产水量明显降低	依据可能的污染种类选择两种清洗液中的一种清洗系统

（1）RO 膜元件化学清洗方法　用清洗液 1、清洗液 2 轮换使用，用泵将纯化水从清洗箱打入反渗透装置中并排放 5 分钟，用干净的纯化水在清洗箱中配制清洗液，将清洗液在系统中循环 1 小时，清洗完成后，排净清洗箱中的清洗液并进行冲洗。然后向清洗箱中充满干净的纯化水以备下一步冲洗，用泵将纯化水从清洗箱打入反渗透装置中并排放 5 分钟，在冲洗反渗透装置后，在纯化水排放阀打开状态下运行反渗透系统 15～30 分钟，直到纯化水无泡沫且酸碱度、电导率、氯离子、氨盐符合纯化水日常监控检测的相应要求。

（2）RO 装置灭菌操作　在清洗箱中注入 1% 甲醛或 1% 氯酸钠加到箱体的 1/3 即可。打开清洗液清洗阀，一级浓水排放阀，淡水不合格阀，关闭淡水合格阀，一级浓水调节阀、RO 总排污阀，构成循环回路，启动清洗泵，循环清洗 2～4 小时；再浸泡 24～48 小时，浸泡后，开机进行冲洗将清洗液清洗干净（冲洗至进出口电导率相等为止）。一级 RO 装置与二级 RO 装置清洗方法一致。

3. 纯水箱及其输送管道的清洗消毒　正常情况下每 6 个月清洗消毒一次，长期停用后首次开机前及出现质量问题时应进行清洗消毒，消毒剂用 3% 双氧水，临用新制，消毒剂一次用量 1000kg。

清洗前将水箱内纯化水放置在 1/3 位置，计算一次所需双氧水的重量，倒入计算称重好的双氧水。开启水泵，使双氧水在贮水罐及其输管道中强制循环 1 小时，放掉双氧水。再加入纯化水循环 30 分钟，放掉纯化水，再重复一次。纯水箱颈部若有消毒不到的地方，用洁净的毛巾依次蘸双氧水、纯化水擦洗。

滤过器的滤芯每 15 天取出，用 1% 的洗洁精冲洗干净后用纯化水清洗干净。

（二）工艺管道的清洗钝化

不锈钢工艺管道初次使用前应进行清洗和钝化。不锈钢管道的处理步骤为：纯水循环预冲洗→碱液循环清洗→纯水冲洗钝化→纯水再次冲洗→排放→消毒。

1. 纯水循环预冲洗　在纯水罐中注入足够的纯化水，用水泵加以循环，循环 5 分钟，检查不得有泄漏。打开排水阀，边循环边排放。

2. 碱液清洗　准备氢氧化钠化学纯试剂，配制成 1%（V/V）的碱液，用泵进行循环，时间不少于 30 分钟，然后排放。

3. 冲洗　将足量纯化水加入纯水罐，启动水泵，打开排污阀排放，直到各出口点水电导率与罐中水的电导率一致，排放时间至少 30 分钟。

4. 钝化　用纯化水及化学纯的硝酸配制 8% 的酸液，循环 60 分钟后排放；或用 3% 氢氟酸、20% 硝酸、77% 纯化水配制溶液，溶液温度在 15～35℃，循环处理 20 分钟左右，然后排放。

5. 初始冲洗　用纯化水冲洗，时间不少于 10 分钟。

6. 最后冲洗　再次冲洗，直到进出口纯化水的电导率一致。

（三）清洁工具

洗洁精洗净后，依次用饮用水、纯化水冲洗干净，存放于容器及工具存放间，晾干。

（四）清洁消毒效果评价

设备外壁无污迹，清洗消毒后，应做纯化水的检测，包括微生物含量的测定，符合《中国药典》纯化水的要求后方能交付使用。如不符合要求则重新进行冲洗直至合格。检测时，纯水箱取样，各使用点随机取样 2 个点。

第五章 ▶ 中药前处理、提取、分离、蒸发、干燥工艺与操作

中药厂所用的原料为饮片，饮片系指药材经过炮制后可直接用于中医临床或制剂生产使用的处方药品。中药炮制是按照中医药理论，根据药材自身性质以及调剂、制剂和临床应用的需要，所采取的一项独特的制药技术。中药炮制的目的是使饮片达到一定的净度和纯度；消除或减少中药的毒性或副作用；改变和增强中药固有的疗效；适用于中药制剂和贮藏。中药饮片有生品和各种制品。将净选后的中药进行软化，再切成片、段、块等的切制品，一般通称为生片；将净药材或生片经炒制、烫制、煨制、煅制等或加入液态辅料（如黄酒、米醋、盐水、姜汁、蜂蜜等）使之渗入组织内部，再经炒制、蒸制、煮制等所得饮片称为制品，如酒制饮片、醋制饮片等。

中成药中除多数丸剂、散剂、全粉末压片剂等直接由原药材粉碎制成制剂外其他大部分均需要用溶媒浸出。药材浸出属于固液萃取过程，浸出液需经蒸发浓缩、醇沉淀、干燥等操作，视剂型不同，可制成浸膏、干粉等产品。

《药品生产质量管理规范》规定中药材和中药饮片的取样、筛选、称重、粉碎、混合等操作，如易产生粉尘，应采取有效措施以控制粉尘扩散，避免污染和交叉污染，如安装捕尘设备、排风设施或设置专用厂房（操作间）等。中药材前处理的厂房内应设拣选工作台，工作台表面应平整、易清洁，不产生脱落物。中药提取、浓缩等厂房应与其生产工艺要求相适应，有良好的排风、水蒸气控制及防止污染和交叉污染等设施。中药提取、浓缩、收膏工艺宜采用密闭系统以防止污染。采用密闭系统生产的，其操作环境可在非洁净区；采用敞口方式生产的，其操作环境应与其制剂的配制岗位的洁净度级别相适应。中药提取后的废渣如需暂存、处理时应有专用设施。浸膏的配料、粉碎、混合、过筛等操作，其洁净级别应与其制剂的配制岗位的洁净度级别一致。用于直接入药净药材的粉碎、混合、过筛等厂房应能密闭，有良好的通风、除尘等设施，人员、物料进出及生产操作应参照洁净区管理。有无菌要求的中药制剂，其浓配前的精制工序应至少在 D 级洁净区内完成。非创伤面外用中药制剂及其他特殊的中药制剂可在非洁净厂房内生产，但必须进行有效的控制与管理。

中药材洗涤、浸润、提取用工艺用水的质量标准不得低于饮用水标准，无菌制剂的提取用工艺用水应采用纯化水。应有经批准的回收溶媒的方法，回收后溶媒的再使用不得对产品造成交叉污染，不得对产品的质量和安全性有不利影响。

第一节　中药前处理

中药的前处理即饮片的制备和粉碎，包括饮片的净制、切制、炮制和粉碎等岗位，是中药制剂的第一道程序。净制是除去药材中的杂质以达到一定净度标准，保证剂量的准确。净选的一般制作方法如下：挑选、筛选、风选、洗净、漂净、刷净、刮除、剪切、沸焯、压碾、火燎、制霜等。其特点是药材品种繁多，加工工艺差别很大，批

量大小不一，且药材形状、性质、大小、密度等不同，对选用设备增加许多难度，故一部分操作仍以手工为主，并且有些具有特殊加工工艺，在车间布置时应考虑以下原则。

（1）前处理厂房宜单独设置　药材前处理需人工较多，堆放面积大，车间粉尘较多，为减少对提取和制剂的相互影响，宜单独设置。若总体位置受限，可与仓库合并建设。

（2）切实做好防尘、防噪声措施　在药材前处理特别是粉碎、过筛过程中，粉尘量较多，应采取隔离、排风、袋滤等防尘措施。另外噪声较大的设备应采取减震、混音、隔音等防噪间措施。

（3）前处理车间的成品作为后一工段的原料，为保证最终成品的卫生质量，应对前处理药材的菌落数进行严格控制。除加强药材清洗灭菌外，在车间布置上应对药材灭菌后的各工序考虑净化空调措施。

（4）加强对本车间成品贮存的管理，成品贮存室应防止药粉混杂和交叉污染。

一、中药材拣选、整理、炮制和洗涤

车间领料员从仓库领出生产用中药材后，由生产车间主任及时安排人员进行拣选、整理、炮制、洗涤。

中药材拣选前首先将药材中的泥块、砂石利用双手旋转竹筛将其筛出。拣选时要认真、仔细地把混入中药材中的杂质，如草枝、虫、霉粒、油粒及未完全筛除的泥块、砂石等除去；并根据不同产品的实际情况，把非药用部位，如核粒、果柄、枝梗、皮壳等除去。

根据各品种的工艺要求，对中药材进行分类整理或炮制。

中药材拣选时必须在拣选工作台上操作，严禁中药材直接接触地面。拣选后的中药材放入清洗盆中，使用流动水清洗至洗净为止。用过的水不能再用于洗涤其他药材；不同的药材不能在一起洗涤。

二、中药材净制岗位操作

生产前应检查与本岗位有关的标准操作法、批生产记录、清场记录、物料标签等；检查所用物料名称、代号、编号、合格证及是否在规定的效期内，物料外包装是否完好、清洁；现场检查前一次清场记录副本，需用的设备、设施应有合格状态标志，容器应具有清洁合格的状态标志，计量器具应经过校正，有"检定合格证"并在周检效期内，质量监督员对生产前检查结果复核后，签发"生产许可证"。生产设备及生产场所换相应的标志牌。

操作时试运行洗药机、切制设备、烘干机是否正常。把待净制的药材脱去外包装，检查是否有伪、劣、次、虫、霉烂等情况，做出使用或退库的决定，如需退库，应当日完成。根据生产指令的要求，选择适宜的净制方法。必须在净制工作台上操作，严禁中药材直接接触地面。

1. 中药材的拣选

（1）筛选　根据药材和所含杂质的体积大小不同，按各自的标准要求选用不同的筛或箩，筛除药材中的泥块、砂石等杂质。

（2）挑选　除去药材中的杂草、木屑、泥沙、石块等杂质，除去虫蛀品、霉烂品。

（3）风选　利用药材和杂质的轻重不同，借风力将杂质清除。

（4）除去非药用部位　采用刮、挖、刷、剪切等方法，除去非药用部位，如残茎、枝梗、皮壳、毛、心、核、芦、头尾足翅等。

2. 中药材的切制　根据药材不同性质分别使用破碎机、切药机等设备采用切、破碎、劈等切制方法，按设备标准操作规程进行操作，将药材切成片、段、丝等。其规格通常为：粗碎为≤2cm；段为长5～10cm；皮类药材丝为宽2～3cm。

3. 药材的清洗　将拣选后的中药材放入洗药机中，根据药材的性质，采用淘洗、淋洗，控制各种药材的清洗时间。清洗药材应使用流动水，用过的水不能再用于清洗其他药材，不同的药材不能在一起清洗。

4. 干燥　清洗后的药材，要及时干燥。干燥温度、时间，按照各品种的质量标准执行。

5. 贴签检查　净制后的药材，放入洁净的容器内，贴上标签。认真检查净制后的药材重量、数量，应在工艺规定定额内，否则按偏差处理规定执行。

6. 清场　将净制合格的物料入净料库，用吸尘器将场地积粉吸净，清除吸尘器中收集的粉尘，扫除场地内的一切污粉、废弃物及废弃标签，装入弃物桶，送出生产区。

按照各设备清洁标准操作法进行清洁。容器、用具按照一般生产区容器、用具清洁标准操作清洁备用，生产区环境按一般生产区环境卫生管理和一般生产区环境清洁标准操作法清洁备用，清洁工具的清洁按照清洁工具管理进行清洁备用。

要求地面无积尘、无杂物、无死角，灯管、门窗、风口、开关箱、墙壁等应洁净，工具和容器清洁后要求无杂物并应干燥，定点存放，净制设备内外无粒状、片状、粉状等痕迹的异物，工作间内没有与生产无关的任何物品，清洁工具按规定清洗后放在定点贮存室，检查完毕，记录、签名，班长检查签字，质量监督员签字。

清场记录正本附本批批生产记录之后同指令上交，副本附于批生产记录后留在现场，供下次生产前检查用。

三、中药材炮制岗位操作

根据炮制工艺要求，严格控制加入辅料的数量、炮制时间、温度等。

1. 常用的炮制方法和要求

（1）炒　炒制分清炒和加辅料炒，炒时应火力均匀，不断翻动，掌握加热温度、炒制时间和程度要求。

清炒：取净药材置热锅中，用文火（约160～170℃）炒至规定程度时，取出放凉，需炒焦者，一般用中火（约190～200℃）炒至表面焦黄色，取出，放凉。

麸炒：取麸皮，撒在热锅中，加热至冒烟时，放入净药材，迅速翻动，炒至药材表面呈黄色或色变深时，取出，筛去麸皮，放凉。

（2）烫　烫法常用的辅料为洁净的沙子、蛤粉或滑石粉。取沙子（或蛤粉、滑石粉）置锅内，一般用武火翻炒至230～240℃后，随即加入净药材，不断翻动，烫至泡酥或规定的程度时，取出，筛去沙子（或蛤粉、滑石粉），放凉。如需醋淬时，应趁热投入醋中，淬酥。

（3）煅　煅制时应注意煅透，使酥脆易碎。

明煅：取净药材，砸成小块，置无烟的炉火上置适宜的容器内，煅至酥脆或红透时，取出，放凉，碾碎。含有结晶水的盐类药物，不要求煅红，但须使结晶水蒸发尽，或全部形成蜂窝状的块状固体。

煅淬：将净药材煅至红透时，立即投入规定的液体辅料中，淬酥（如不酥，可反复煅淬至酥）取出，干燥，打碎或研碎。

（4）制炭　制炭时应"存性"，并防止灰化。

炒炭：取净药材，置热锅内，用武火（约220~300℃）炒至表面焦黑色、内部焦黄色或至规定程度时，喷淋清水少许，熄灭火星，取出，晾干。

煅炭：取净药材，置煅锅内，密封，焖煅至透，放凉，取出。

（5）蒸　取净药材，照各品种炮制项下的规定，加入液体辅料拌匀（清蒸除外），置适宜的容器内，加热蒸透或至规定的程度时，取出，干燥。

（6）煮　取净药材加水或液体辅料共煮，辅料用量照各品种炮制项下的规定，煮至液体完全被吸尽，或切开内无白心时，取出，干燥。

有毒药材煮制后的剩余汁液，除另有规定外，一般应弃去。

（7）炖　取净药材照各品种项下的规定，加入液体辅料，置适宜的容器内，密闭，隔水加热，或用蒸汽加热炖透，或炖至辅料完全被吸尽时，取出，放凉。

（8）焯　取净药材投入10倍量沸水中，煮约5分钟捞出，放入冷水浸泡，除去种皮，烘干。

（9）酒制　包括酒制、酒炖、酒蒸等。除另有规定外，一般用黄酒。

酒制：取净药材，加酒拌匀，闷透，置锅内，用文火炒至规定的程度时，取出，放凉。（除另有规定外，每100kg净药材，用黄酒10kg。）

酒炖：取净药材，加酒拌匀，照上述炖法制备。

酒蒸：取净药材，加酒拌匀，照上述蒸法制备。

酒炖或酒蒸，除另有规定外，每100kg净药材，种子类用黄酒20kg，根及根茎类用黄酒30kg。

（10）醋制　包括醋制、醋煮、醋蒸等。应用米醋或其他发酵醋。

醋制：取净药材，加醋拌匀，闷透，置锅内，炒至规定的程度时，取出，放凉。

醋煮：取净药材，加醋，照上述煮法制备。

醋蒸：取净药材，加醋拌匀，照上述蒸法制备。

醋制、醋煮、醋蒸，除另有规定外，每100kg净药材，用醋20kg，必要时可加适量水稀释。

（11）盐制　包括盐制、盐蒸。盐制时，应先将食盐加适量水溶解后，滤过，备用。

盐制：取净药材，加盐水拌匀，闷透，置锅内（个别药材是先将净药材放锅内，边拌边加盐水），以文火加热，炒至规定的程度时，取出，放凉。

盐蒸：取净药材，加盐水拌匀，照上述蒸法制备。

盐制或盐蒸，除另有规定外，每100kg净药材，用食盐2kg。

（12）姜汁制　姜汁制时，应先将生姜洗净，捣烂，加水适量，压榨取汁，姜渣再加水适量重复压榨一次，合并汁液，即为"姜汁"。如用干姜，捣碎后加水煎煮二次，合并，取汁。

取净药材，加姜汁拌匀，置锅内，用文火炒至姜汁被吸尽，或至规定的程度时，取出，晾干。

除另有规定外，每 100kg 净药材用生姜 10kg 或干姜 3kg。

（13）蜜制　蜜制时，应先将炼蜜加适量开水稀释后，加入净药材中拌匀，闷透，置锅内，用文火炒至规定程度时，取出，放凉。除另有规定外，每 100kg 净药材，用炼蜜 25kg。

（14）制霜（去油或去霜）　除另有规定外，取净药材碾碎如泥状，经微热后，压去部分油脂，制成符合一定要求的松散粉末。

（15）水飞　取按规定处理后的药材，加水共研细，再加多量的水，搅拌，倾出混悬液，下沉部分再按上法反复操作数次，除去杂质，合并混悬液，静置后，分取沉淀，干燥，研散。

（16）羊油炙　先将定量羊脂油放于锅中，用文火加热熔化后，倒入净药材，拌炒至羊脂油被吸尽，药材表面具均匀的油亮光泽时，取出，放凉。一般每 100kg 净药材，用羊脂油或炼油 20kg。

2. 成品处理　炮制品装入洁净、耐热、耐腐蚀的容器内冷却，标明状态。冷却后的炮制品装入洁净的容器内，贴上标签，转交净料库。

3. 清场　将炮制合格的物料入净料库，用吸尘器将积粉吸净，清除吸尘器中收集的粉尘，扫除场地内的一切污粉、废弃物及废弃标签，装入弃物桶，送出生产区。

设备、容器、用具、生产区环境、清洁工具的清洁按照相关规定进行。

四、配料岗位操作

应保证按处方生产的批次原料不少于标示量的 100% 或规定投料量的 100%，避免差错。

根据领料单、配核料单将物料按品种运输至配料区内，按称量标准操作规程，依照配核料单的顺序，逐一称量每一种物料，把整袋或整桶的物料逐一称量，称量后的每个包装上均须贴配料标签。称量须拆包的物料时，把空的配料容器称重，记下皮重，准确称量容器中所需物料，记录净重，贴上标签。

称量过程中，复核人与质量监督员对上述过程进行监督、复核，确认所用物料为检验合格的，原料的名称、代号、数量与配核料单一致，容器外标志准确无误。复核人再次复核称量人填写的配核料单，在复核人项下签名。称量的物料与配核料单记录完全一致，无多余、遗漏后，放于指定的地点，经质量监督人员复审后，在批配核料单上签字。物料进入下一工序时应填写好交接记录，交接双方均应在记录上签字。

在配料区同一个时间内只能配制用于某一品种同一批号的物料；一种原辅料称完后，再称量另一种原辅料，不得交叉称量，防止称错、混药；所称物料总量不足 1kg 时，应选用合适的天平称量；称量后余下尾料必须留有正确填写的盛装单，装入密闭容器，妥善保管登记入账，在下次生产时首先使用；对已称好的物料要分批存放整齐，不同品种、批号、规格的产品所配的物料之间要距 50cm 以上或有隔离措施；如需根据含量计算重量时，配料员必须按领料单上给定的要料量及检验报告书上的实际含量计算需配量，将含量注明，交车间质检员审核签字。

领料过程中如不能整包装发料，应注意以下几点。①物料转移应在规定的区域内进行；②拆开的物料容器，在称取完物料后应及时封口，加贴封口签，注明取走物料的数量或体积，剩余物料的数量或体积；发出物料用于生产的品名、批号、规格；发料人签名、日期；③物料转移到新容器后，应及时将新容器封口，并注明物料名称、代号；批号；新容器内物料的重量或体积；物料用于生产的品名、批号；发料人签名、日期；凡转移新容器的发料过程要详细记入台账备注中。

在称量或复核过程中，每个数值都必须与规定数值一致。如发现数值有差异，必须及时分析，并立即报告车间质检员与质量监督员，直到做出合理满意的解释，才能由车间质检员与质量监督员共同签发，递交下工序，同时在配核料单上详细记录，并有参加分析、处理人员的签名。毒性药材的配料称量应双人核发。

将配料后剩余的物料移至原物料存放处，扫除场地内的一切污粉、废弃物及废弃标签，装入弃物桶，送出配料间。

设备、容器、用具、生产区环境、清洁工具的清洁按照相关规定进行。

五、粉碎、过筛岗位操作

1. 粉碎、过筛岗位检查 检查内容如下。粉碎、过筛所用筛子是否按工艺选用，检查筛皮是否被损坏；磨粉机、振动筛、容器及工具是否清洁、干燥，对设备和工具是否进行消毒；粉碎完或筛完一种物料是否彻底清场，清洁卫生后经检查合格方能进行另一种物料的粉碎或过筛；粉碎时每一种物料称完是否按工艺要求先粗混；称量 1kg 以下的物料时，是否使用电子秤；粉碎岗位磨好的物品是否按要求存放、保管以及清场卫生是否符合要求；粉碎岗位操作工人是否按岗位操作法进行操作；每一种粉碎过筛的物料，其品名、规格、批号、数量等是否与生产指令相符；物料有无黑杂点、色泽是否有变；筛粉岗位是否按岗位操作法进行操作。

2. 粉碎、过筛岗位操作

（1）操作前准备工作 按车间领料单核对原辅料是否有合格检验报告单，核对品名、规格、批号、数量、合格证等是否相符，如有异常情况及时查询报告车间或退仓。上岗前穿戴好清洁工作服、帽、鞋，洗手后戴乳胶手套操作。检查洁净室地面、工具是否干净、齐全，检查设备运转是否正常，发现异常立即报告，符合要求后方可使用。磅秤应校零点，检查筛网是否有漏孔。

（2）生产操作 开机空转试机无异常响声方可加料，加料前要套扎好装料绸布袋，加料要均匀，如发生有异常声响应立即停机检查。开车时严禁异物如铁钉、螺丝、铁块等流入粉碎机内部，以防造成事故。原辅料分别粉碎时，一定按工艺操作执行，粉碎好后的料装入有盖的密闭塑料或其他可密封的容器内，贴上标签（品名、批号、重量、日期）。粉碎结束后，清理机器并擦抹干净，保持设备本色和卫生，场地要清洁。及时填写生产原始记录，清场记录，质监员检查后签发清场合格证。填写好粉碎原辅料交接单，移交下工序，如不符合工艺要求，下工序可拒绝收料并签字。在更换品种前，要清场，原品种的药材全部返库，清洗粉碎机及集粉袋，打扫室内清洁卫生，经组长检查合格后，才能更换。下班前按工艺卫生要求进行清场打扫，检查门窗，电源开关，水阀等关妥后才能离开。

（3）重点操作复核、复查　复核辅料名称、规格、数量、合格单、批号。检查物料外观是否有异常现象，粉碎过筛好的每种药物重量，复核标签。磨粉筛质量标准及控制规定：色泽均匀，无异物混入，用平板法检查杂黑点；细度符合工艺要求，用符合规格要求的筛过筛检查。

（4）异常情况的处理和报告　如发现原辅料数量、规格与领料单不符时，应及时报告车间，经核实无误才能使用；粉碎如发现达不到质量要求，应停机寻找原因及时处理。

六、混合岗位标准操作

设备试运行正常后开始生产，如需加细料的药粉，应按等量递增法进行混合。

按各品种工艺规定的时间进行混合，达到规定时间后，将药粉放出，或直接加辅料制软材，盛入洁净容器内，及时封口并挂上标签，做好记录，计算收率。

合格物料称量后，移入中间库或转下工序，将混合机内的积粉清理干净。

清除场地内的一切污粉，与混合机内的积粉一起称重，进行物料平衡计算。清除场地内杂物及废弃标签，与上述污粉一起装入弃物桶，送出生产区。

设备、容器、用具、生产区环境、清洁工具的清洁按照相关规定进行。

第二节　中药的提取、分离和蒸发

中药提取方法有水提和醇提，其生产流程由投料、提取、排渣、滤过蒸发（蒸馏）、醇沉（水沉）、干燥和辅助等生产工序组合而成。提取车间工艺布置的要求如下。

（1）各种药材的提取既有似之处，又有独自的特点，故车间布置既要考虑到各品种提取操作之便，又需考虑到提取工艺的可变性。

（2）对醇提和溶媒回收等岗位采取防火、防爆措施。

（3）提取车间最后工序，其浸膏或干粉是最终产品，对这部分厂房，按原料药成品厂房的洁净级别与其制剂的生产剂型同步的要求，也应按规范要求采取必要的洁净措施。

由流浸膏、浸膏制干膏、干粉，粉碎、过筛、包装等工序应划为洁净区，其级别为 D 级，中药提取液浓缩以前为一般生产区域。

一、中药材提取岗位操作

检查蒸汽、水、药液阀门是否关闭。启动空压机开关，待压力达到规定标准后，按动罐的下盖按钮，自动上盖，按动罐钩按钮，钩好下盖，并紧固。将待提取药材依据提取罐的大小确定提取罐数及每罐投料量。

对药材进行检查复核后，根据投料罐数，把每一味药材均分成相应的份数，保证每一罐所投药材品种及数量均相同。打开投料口，将准备好的原料投入提取罐中。如原料中含有贵重、细料药、毒剧药和饮片时，应在质量监督员监控下投料，做好监控记录。投料完毕，加入规定量的提取溶剂，启动空压机，关闭上盖，并紧固。在提取罐上挂设备运行状态标志。

1. 提取 在全部提取过程中提取罐内压力不得超过 0.01MPa，否则应及时调整处理，夹层压力不得超过 0.2MPa。提取过程中若遇停气，要减掉停气时间，并往后推算提取时间。

（1）煎煮 投料门关闭到位后，根据各品种的工艺规定加入煎煮用水，并通过水表控制加入水量。打开通大气阀门，同时开启直接加热蒸汽阀进行直接加热。加热至沸腾时开始记录时间，同时关闭直接加热蒸汽阀，打开间接蒸汽阀，改向夹层通蒸汽。蒸汽压力大小应以维持药液沸腾为度，并随时观察蒸汽压力表控制汽量和提取罐的工作情况，防止药液外溢。保持沸腾到工艺要求时间。

煎煮完毕应先关闭蒸汽阀门，再将出液阀打开，使药液全部滤过入贮液罐中，记录出液时间，在贮液罐上挂上状态标志牌，标明品名、批号、日期、数量、操作者等。根据生产工艺的要求，重复以上操作。提取液合并，移交下一生产工序。

（2）浸渍 投料门关闭后，打开通大气阀门，同时开启直接加热蒸汽阀，加热至规定温度时，关闭直接加热蒸汽阀，改用夹层蒸汽加热保温至规定时间，蒸汽大小以维持浸渍温度在规定范围内为宜。

浸渍完毕关闭蒸汽阀门，打开出液阀，使药液全部滤过入贮液罐中，记录出液时间，在贮液罐上挂上状态标志牌，标明品名、批号、日期、数量、操作者等。

（3）提取挥发油 将待提油的药材投入罐内，加水以浸没药材表面为止，浸泡 0.5～1 小时。关闭投料门，打开热交换器和冷却器的阀门，同时检查冷凝器油水分离器是否堵塞、漏气。一切正常后，打开夹层进汽阀，加热至油提尽。关闭蒸汽阀和冷却水阀，收集已提取的挥发油，用分液漏斗分离油水，将挥发油贮存于密闭的容器内，并贴上标签。提油完毕的药液滤过，滤入贮液罐内，挂上状态标志牌。与本品种同批的其他提取液合并进行浓缩。

（4）回流提取 投料门关闭后，关闭通大气阀，打开冷凝器和冷却器水阀，然后开启夹层加热蒸汽阀和冷凝液回流罐阀，缓缓加热至沸，回流开始时计时，回流中夹层蒸汽压力不得超过 0.15MPa，温度不得超过 100℃（指示表）。随时观察蒸汽压力表控制汽量和煎煮罐的工作情况，防止药液溢出。冷却用水的出口温度控制在 ≤35℃。提取完毕，将药液澄清，滤过，泵入浓缩罐，待回收溶剂。

（5）渗漉 检查药材粗粉的外观及重量，分别置有盖不锈钢桶内，溶剂用量为粗粉的 0.8 倍，均匀搅拌，湿润密闭，放置 1 小时以上，使充分膨胀。将渗漉筒底部花板用纱布袋包裹铺平。检查渣门是否关妥，防止渗漏。

将湿润膨胀后的药材拌松弄散，然后用不锈钢勺盛粉，均匀地装入渗漉筒，厚度约为 10cm，用 T 形棒压匀，再按上述操作，一层一层地装入，适当加压，药粉装置不得超过渗漉筒的 2/3 高处。

药粉表面上盖不锈钢孔板压牢，打开渗漉筒下面的放料阀，并放一容器，然后将筒内药粉上的空隙处缓缓加入溶剂，正确计算。

待排出药粉粉粒之间的空气，并有溶剂流出，关闭放料阀，盖上漉筒、浸渍 24 小时。一般溶剂用量为药材量的 5 倍。达到浸渍工艺规定时间后，开放料阀进行渗漉，控制渗漉速度为每分钟 2～3ml/kg，滤液放入贮液缸内。在渗漉过程中，必须始终保持溶剂高于药材，防止药材干涸开裂，要及时向漉筒内补充溶剂，定时检查渗漉速度，及时真实填写记录，中途遇休息或因故不能及时补充溶剂，应将放料阀关闭，暂时停止渗漉。

渗漉完成后，检查渗漉液总量，及时真实填写记录，交减压蒸馏岗位。洗涤药渣，洗涤液交蒸馏岗位回收溶剂。及时清除药渣，洗净纱布、花板、漉筒，以备下次再用，并做好室内清洁工作。

2. 排渣　清理罐下口周围，备好接渣车后撤离现场，关闭出渣间门。待提取罐内温度下降后，脱钩，开盖，药渣从罐底倾出。药渣及时运出车间至厂区规定地点，取下设备运行状态标志，挂"待清洁"标志。

3. 清场　扫除场地内的一切污粉、杂物及上次所用标签，装入弃物桶，送出生产区。设备、容器、用具、生产区环境、清洁工具的清洁按照相关规定进行。

二、减压浓缩（真空薄膜浓缩）岗位操作

操作前，检查真空、冷却水、药液等各路阀门，使之均处在正确位置。打开蒸发器凝结水出水阀门，放掉剩留的凝结水，关闭阀门，并挂好状态标志。操作时，依次打开，首先打开真空阀，检查真空是否正常，然后打开冷却水阀和药液阀门、蒸汽阀（压力控制在 0.1Pa 左右），进行真空薄膜蒸发。随时观察蒸汽压力，真空度和冷却水情况，及时调整蒸汽压力和进药量，使之在最佳状态下不断浓缩。并注意观察浓缩液贮罐及冷却水贮罐液位，到满位时，及时换位，以防冲液。一般要求：真空压力为 −0.5Pa；蒸汽压力为 0.1Pa，出水温度为 50℃。安装输液管并放置好清洗干净的不锈钢桶，将经浓缩后的药液输入不锈钢桶中，根据生产工艺要求，倒入沉降缸中。

浓缩完毕后，关闭蒸汽阀、冷却水阀、进料阀，放净浓缩药液后，随即从进料管通入自来水，依次清洗贮液罐、管道、真空薄膜蒸发器，并冲洗干净，待水流尽后重新关闭以上阀门。及时清场，并做好浓缩工序的原始记录及清场记录，对沉降缸中的浓缩药液挂好状态标志，注明品名、批号、相对密度等。

设备、容器、用具、生产区环境、清洁工具的清洁按照相关规定进行。

三、精制岗位操作

严格按照生产工艺要求，加入溶媒时必须由两人操作，一人加入，一人复核。沉降加入溶媒时应边加边搅拌，使之充分混匀，盖好缸盖，贴上状态标志，注明品名、批号、数量等，保持足够的沉降时间，充分保留有效成分。及时清场，并作好清场记录。

1. 水提醇沉　将水提浓缩液放至室温后，将规定浓度的乙醇慢慢加入到浓缩药液中，边加边搅拌，使之充分混匀，使含醇量逐步提高至工艺规定浓度。加醇完毕后，冷沉罐夹层通入冷盐水，于工艺规定温度下静置 12～24 小时。

2. 醇提水沉　将醇提液回收乙醇后降至室温，将水慢慢加入到药液中，边加边搅拌。加水完毕后，冷沉罐夹层通入冷盐水，于工艺规定温度下静置 12～24 小时。

3. 板框滤过　药液充分静置冷藏后，先吸取上清液滤过，按照板框滤过机标准操

作规程进行板框滤过，将合格的滤过液转入配液工序。

4. 清场　　清除场地内的一切废弃物，清除滤渣及废弃滤板，装入弃物桶，送出生产区。

设备、容器、用具、生产区环境、清洁工具的清洁按照相关规定进行。

四、低浓度乙醇蒸馏岗位操作

首先检查设备的运转及输液管道、阀门是否正常，确认无误后方可启动自动输入指示，将待蒸馏的低浓度乙醇输入蒸馏塔内，至视孔镜能看到液面为止。

稀乙醇加至蒸馏釜 1/2 ~ 2/3，才能进行操作。开启加热蒸汽（表压 0.1 ~ 0.2MPa）使乙醇蒸气进入塔内。开启冷却器冷却水，控制其水温在 70℃ 以下，但不得低于 40℃，使塔内乙醇蒸气进入冷凝器后冷凝成液体，打开回流阀，使冷凝液全部回流入塔内。待塔顶温度稳定在 78.5℃ 以下时，开放出料阀，从流量计观察，控制回流比 1:2 ~ 1:3，要保持回收乙醇的浓度在 93% 以上。

蒸馏操作时，不得随意离开岗位，要随时观察回收乙醇浓度，及时调整回流比，浓度高时调节回流比小些，浓度低时调节回流比大些，使回收乙醇达到要求的浓度。随时注意液面高度，并不断补充，于视孔镜观察加料液面，不得超过视孔镜的 2/3。

如回收乙醇量较大，可以采用连续进料方法，在蒸馏釜加热至沸后，少量、连续向蒸馏釜内加料，加入的速度与蒸出乙醇的速度相一致。

蒸馏将要结束时，当蒸馏中的温度升至 100 ~ 102℃ 时，塔顶温度也相应上升。此时应关闭回流阀，适当加大蒸馏釜加热蒸汽流量，将釜内和塔内残留的乙醇蒸出。收集于稀乙醇储罐内，并入下一批稀乙醇中一起蒸馏。

扫除场地内的一切污物、杂物及上次所用标签，装入弃物桶，送出生产区。设备、容器、用具、生产区环境、清洁工具的清洁按照相关规定进行。

第三节　　中药浸膏的干燥

一、真空干燥岗位操作

将清膏放入烘盘铺平，为防止物料粘盘出料不便造成损失，可以在盘底上铺以少量出膏粉。将烘盘放入真空干燥箱中，放置好。关闭箱门，旋紧螺丝扣，然后开启真空泵，关闭排空阀，打开抽气阀。

待真空压力至 -0.08MPa 且稳定后，将门上螺丝扣旋开，开启蒸汽阀，先打开排水阀，排尽加热管内冷凝水后，关闭排水阀，开始加热，注意温度不得超过工艺规定温度。真空干燥过程中，每隔一定时间观察一次真空度、温度及箱内物料情况。

当物料干燥后，关闭蒸汽阀、真空阀门，打开排空阀，关闭真空泵，待真空度降至 0 时，开门，出料。将干膏装入不锈钢桶中，挂上标签，填写生产记录。

上料时按从上到下的顺序依次放入，出料时按从下到上的顺序依次撤出。

物料的清场：将合格的物料送入中间库，用吸尘器将积粉吸清，清除吸尘器中收集的粉尘，扫除场地内的一切污粉、废弃物及废弃标签，装入弃物桶，送出生产区。

设备、容器、用具、生产区环境、清洁工具的清洁按照相关规定进行。

为了确真空干燥箱清洁卫生，使其符合工艺卫生要求，真空干燥箱的必须按照操作规程进行。其清洁项目及清洁操作要求见表5-1。

表5-1　真空干燥箱的清洁项目及清洁操作要求

项目	清洁操作要求
清洁的频次	每批使用后及出现异常情况时
清洁的地点	就地清洁、清洁间
清洁工具	不脱落纤维的抹布
清洁用水	饮用水
清洁方法	1. 将托盘移至清洁间，用饮用水冲洗干净； 2. 将烘箱内壁、隔板及地面清扫干净后，用饮用水冲洗干净； 3. 用饮用水将烘箱外壳擦洗干净，用干抹布将其擦干； 4. 将托盘装入烘箱内烘干，备用
清洁工具的清洗	洗洁精洗净后，用饮用水冲洗干净
清洁工具的存放及干燥	存放于容器及工具存放间，晾干或烘干
清洁效果评价	设备内外无污迹、无残存物料
备注	1. 清洁后，换上已清洁标志，注明清洁人、清洁日期、清洁效期及检查人； 2. 清洁后，超过3天使用时，须重新清洁

二、PGL-40A型喷雾干燥制粒机操作

1. 开机前的准备工作　检查输液泵进料管内是否进入液料，打开压缩空气阀门，调节压力至0.4MPa，检查电流表、电压表指示是否正常，检查温度控制仪表是否正常。调整雾化器：将喷枪取出，启动输液泵，调节雾化压力至0.1～0.4MPa（视黏结剂黏度和制粒大小而定），调节压缩空气压力、泵速和雾化器前的调节帽至雾化良好。检查各紧固件是否紧固。

2. 开机运行

（1）空载运行　旋出喷雾干燥室，放下捕集袋支架，将捕集袋的两组依次按序系于滤过架上拴牢，同时检查捕集袋有无破裂和小孔，如有则必须修补好，然后升起捕集袋支架将袋底翻过滤过室法兰，收紧绳带，再旋入喷雾干燥室对正。

取下喷雾室上的喷枪孔盖，将喷枪放入对正，喷嘴要垂直于原料容器底，旋紧锁紧螺母。打开压缩空气阀门及配电柜内的电源开关，控制柜总电源开关可在现场内装设电源控制按钮。启动控制柜面板上的总电源开关，其总电源按钮的自带指示灯亮。启动主风机按钮1～2秒钟后马上停止，检查风机旋向是否与蜗壳上的标记一致，如果旋向相反，应改变三相电源中的两相，使其叶轮旋向与蜗壳标记一致。启动辅风机按钮1～2秒钟后马上停止，检查风机旋向是否与蜗壳上的标记一致。

上述各项均运转正常后，推入原料容器小车对正，再启动"容器升"按钮，原料容器徐徐升起。约5秒钟后，启动主风机，观察变频显示器至设定数值，大约10～15秒钟后，启动程序启停按钮，其自带指示灯亮。开启主加热按钮、辅加热按钮、辅风

机按钮，检查各测温点的温度传感器、温控仪及各执行气缸工作是否灵敏。

以上全部过程检查完毕后，启动干燥按钮，空载运行。

2. 重载运行 停止主、辅风机，置程序启停按钮于"停"的位置，降下原料容器，拉出，加入需要制粒的物料，然后推入，启动程序启停按钮，升起原料容器，启停主、辅风机及干燥按钮，调节引风量，从原料容器上的视镜中的观察流态化的激烈程度，检查流化高度是否由低到高，如是则设备运转正常，反之则需检查各通风道是否有阻塞现象。当物料温度接近要求的允许值时，便可进行喷雾干燥制粒作业。浸膏或黏合剂过 80 目筛后加入输液小车盛料桶内，启动喷雾按钮。

输液量调节由蠕动泵调速控制，改变频率即改变输液量。

当从原料容器上的取样筒内观察到颗粒不太满意，需要调节喷嘴雾化角度与液滴直径时，当将气体喷嘴向右旋，则空气量减小，雾化角度变小，反之则雾化角度增大。当雾化角度确定后，转动止逆螺母，锁紧气体喷嘴。液滴直径的大小可在雾化空气压强不变的条件下改变输液泵频率大小来实现，也可通过调节压缩空气的压力来改变液滴的大小，压力越大液滴越小，反之液滴越大。

原料容器内物料温度由温控仪设定而自动控制，但主风道温度、辅风道温度和出风温度都只显示，操作时应按物料的工艺要求，事先设定好物料的最高温度值。

在作业过程中，可通过取样筒随时检查颗粒状态，如不符合要求，可调节制粒所需的几个参数（微调引风量大小，雾化空气压力，输液量和喷枪高度）直到得到满意的颗粒。一旦这些参数确定以后不要轻易改变。

从主机上的视镜内可以观察到流态化的状态，一般流化高度在 600~800mm 为宜，在制粒过程中，要经常观察流态化状态，对温度适应范围小的物料更应如此，一旦发现原料容器内物料发生沟流、结块或塌床等现象时应立刻启动鼓造按钮，无论机器原来工作状态如何，都将自动进行鼓造程序，待物料流化状态良好时，又可启动喷雾按钮，执行喷雾自动工作状态。

当流浸膏或黏合液喷完以后，应加入少许温水再喷雾，此时不仅可以对输液泵进行清洗，同时也对喷枪、输液管进行清洗，可避免喷枪第二次使用时出现阻塞现象。

捕集袋应每批拆下清洗，否则会因粉尘过多造成阻塞，影响流态化的建立和制粒的效果，更换品种时，主机应清洗。

整个干燥制粒过程完成后，主风机应停止工作，辅风机应滞后主风机 3~5 分钟停止。如果在主风机停止前，辅风机未启动，应启动辅风机 3~5 分钟，以吹出环型风管中的积料。

3. 停机 关闭引风机，启动容器降开关，料斗落下，关闭控制柜电源开关，关闭空气压缩机，放净冷凝水。

4. 注意事项 造粒过程中，注意两侧风门不能同时关闭、抖袋，以免颗粒结块、不均。机器运行过程中，经常注意观察，如有异常，注意判断，必要时立即停机检查，待维修好后，方可开机，严禁机器带病作业。注意输液泵严禁空转，所喷液料应超 80目筛，以免堵塞喷枪。

在启动程序按钮之前，应保证系统已经具备了进入流化过程的基本条件，例如，原料容器内已经加好物料并启动了容器升按钮；主加热已经按需要打开和设置；主风机已经启动工作，辅加热和鼓风机也根据实际需要进行了设置和启动。

进入喷雾状态时，首先接通三流式喷枪的压缩空气管道 A 和压缩空气管道 B，通气 5 秒钟后才接通三流式喷枪的输液管道，喷枪喷出雾化液滴。停止喷雾时则相反，首先关闭输液管道，停止输液，几秒钟后才关闭压缩空气管道 A 和 B，停止喷气。

5. 清洁与消毒　PGL – 40A 型喷雾干燥制粒机清洁操作程序见表 5 – 2，消毒操作程序见表 5 – 3。

表 5 – 2　GL – 40A 型喷雾干燥制粒机清洁操作程序

项目	清洁操作要求
清洁的频次	每批使用后及出现异常情况时
清洁的地点	就地清洁、清洁间
清洁工具	不脱落纤维的抹布
清洁用水	饮用水、纯化水
清洁方法	1. 拆下捕集袋，清理掉机体内外的颗粒、粉尘；将捕集袋送至洗衣房，清洗并干燥灭菌 2. 用原位清洗系统依次用饮用水、纯化水将设备冲洗干净 3. 将喷枪、储液槽、蠕动泵移至清洁间，依次用饮用水、纯化水冲洗干净 4. 电气部分，用干抹布擦净，注意防潮 5. 用饮用水将设备外壳擦洗干净，再用干抹布擦干
清洁工具的清洗	洗洁精洗净后，依次用饮用水、纯化水冲洗干净
清洁工具的存放及干燥	存放于容器及工具存放间，晾干或烘干
清洁效果评价	设备内外无污迹、无残存物料
备注	1. 清洁后，换上已清洁标志，注明清洁人、清洁日期、清洁效期及检查人 2. 清洁后，超过 3 天使用时，须重新清洁

表 5 – 3　GL – 40A 型喷雾干燥制粒机消毒操作程序

项目	消毒操作要求
消毒的频次	每月定期消毒两次及出现异常情况时（一般在清洁后进行）
消毒的地点	就地消毒、清洁间
消毒工具	不脱落纤维的抹布、喷壶
消毒剂及其配制	75% 乙醇、3% 双氧水
消毒剂的使用周期	两种消毒剂交替使用，每月更换一次
清洁用水	纯化水
消毒方法	1. 用消毒剂润湿抹布，将料斗擦拭一遍 2. 用消毒剂润湿抹布，将设备内腔擦拭一遍，不宜擦拭的部位用喷壶喷雾 3. 将喷枪、储液槽、蠕动泵依次用消毒剂冲洗或擦拭一遍 4. 使用 3% 双氧水作为消毒剂时，应在消毒后用纯化水擦拭或冲洗两遍
消毒工具的清洗	用纯化水冲洗干净
消毒工具的存放及干燥	存放于容器及工具存放间，晾干或烘干
消毒效果评价	微生物抽检符合质量部的检验标准
备注	1. 消毒后，如实填写消毒记录 2. 超过消毒有效期（15 天）后，应重新消毒

第六章 ▶ 丸剂制备工艺与操作

丸剂系指原料药物与适宜的辅料以适当的方法制成的球形或类球形固体制剂，中药丸剂包括蜜丸、水蜜丸、水丸、糊丸、蜡丸、浓缩丸和微粒丸等。

蜜丸系指饮片细粉以炼蜜为黏合剂制成的丸剂。其中每丸重量在0.5g（含0.5g）以上的称大蜜丸，每丸重量在0.5g以下的称小蜜丸。

水蜜丸系指饮片细粉以炼蜜和水为黏合剂制成的丸剂。

水丸系指饮片细粉以水（或根据制法用黄酒、醋、稀药汁、糖液、含5%以下炼蜜的水溶液等）为黏合剂制成的丸剂。

糊丸系指饮片细粉以米糊或面糊等为黏合剂制成的丸剂。

蜡丸系指饮片细粉以蜂蜡为黏合剂制成的丸剂。

浓缩丸系指饮片或部分饮片提取浓缩后，与适宜的辅料或其余饮片细粉，以水、炼蜜或炼蜜和水为黏合剂制成的丸剂。根据所用黏合剂的不同，分为浓缩水丸、浓缩蜜丸和浓缩水蜜丸。

微粒丸系指饮生或部分饮生提取浓缩后，与适宜的辅料或其余饮片细粉，以水或其他黏合剂制成的丸重小于35mg的丸剂。

丸剂在生产与贮藏期间应符合下列有关规定。

（1）除另有规定外，供制丸剂用的药粉应为细粉或最细粉。

（2）蜜丸所用蜂蜜须经炼制后使用。按炼蜜程度分为嫩蜜、中蜜和老蜜，制备蜜丸时可根据品种、气候等具体情况选用。除另有规定外，用塑制法制备蜜丸时，炼蜜应趁热加入药粉中，混合均匀；处方中有树脂类、胶类及含挥发性成分的药味时，炼蜜应在60℃左右加入；用泛制法制备水蜜丸时，炼蜜应用沸水稀释后使用。

（3）浓缩丸所用药材提取物应按制法规定，采用一定的方法提取浓缩制成。

（4）除另有规定外，水蜜丸、水丸、浓缩水蜜丸和浓缩水丸均应在80℃以下干燥；含挥发性成分或淀粉较多的丸剂（包括糊丸）应在60℃以下干燥；不宜加热干燥的应采用其他适宜的方法干燥。

（5）制备蜡丸时，将蜂蜡加热熔化，待冷却至60℃左右按比例加入药粉，混合均匀，趁热按塑制法制丸，并注意保温。

（6）凡需包衣和打光的丸剂，应使用各品种制法项下规定的包衣材料进行包衣和打光。

（7）丸剂外观应圆整均匀、色泽一致。蜜丸应细腻滋润，软硬适中。蜡丸表面应光滑无裂纹，丸内不得有蜡点和颗粒。

（8）除另有规定外，丸剂应密封贮存。蜡丸应密封并置阴凉干燥处贮存。

丸剂应进行以下相应检查。

【水分】照水分测定法测定。除另有规定外，蜜丸和浓缩蜜丸中所含水分不得过15.0%；水蜜丸和浓缩水蜜丸不得过12.0%；水丸、糊丸和浓缩水丸不得过9.0%。

蜡丸不检查水分。

【重量差异】除另有规定外，丸剂照下述方法检查，应符合规定。

检查法 以 10 丸为 1 份（丸重 1.5g 及 1.5g 以上的以 1 丸为 1 份），取供试品 10 份，分别称定重量，再与每份标示重量（每丸标示量×称取丸数）相比较（无标示重量的丸剂，与平均重量比较），按表 6 - 1 的规定，超出重量差异限度的不得多于 2 份，并不得有 1 份超出限度 1 倍。

表 6 - 1 丸剂重量差异限度

标示重量（或平均重量）	重量差异限度
0.05g 及 0.05g 以下	±12%
0.05g 以上至 0.1g	±11%
0.1g 以上至 0.3g	±10%
0.3g 以上至 1.5g	±9%
1.5g 以上至 3g	±8%
3g 以上至 6g	±7%
6g 以上至 9g	±6%
9g 以上	±5%

包糖衣丸剂应检查丸芯的重量差异并符合规定，包糖衣后不再检查重量差异，其他包衣丸剂应在包衣后检查重量差异并符合规定；凡进行装量差异检查的单剂量包装丸剂，不再进行重量差异检查。

【装量差异】单剂量包装的丸剂，照下述方法检查应符合规定。

检查法 取供试品 10 袋（瓶），分别称定每袋（瓶）内容物的重量，每袋（瓶）装量与标示装量相比较，按表 6 - 2 的规定，超出装量差异限度的不得多于 2 袋（瓶），并不得有 1 袋（瓶）超出限度 1 倍。

表 6 - 2 单剂量包装丸剂装量差异限度

标示装量	装量差异限度
0.5g 及 0.5g 以下	±12%
0.5g 以上至 1g	±11%
1g 以上至 2g	±10%
2g 以上至 3g	±8%
3g 以上至 6g	±6%
6g 以上至 9g	±5%
9g 以上	±4%

【装量】装量以重量标示的多剂量包装丸剂，照最低装量检查法检查，应符合规定。以丸数标示的多剂量包装丸剂，不检查装量。

【溶散时限】除另有规定外，取供试品 6 丸，选择适当孔径筛网的吊篮（丸剂直径在 2.5mm 以下的用孔径约 0.42mm 的筛网；在 2.5～3.5mm 之间的用孔径 1.0mm 的筛网在 3.5mm 以上的用孔径约 2.0mm 的筛网），照崩解时限检查法片剂项下的方法加挡板进行检查。小蜜丸、水蜜丸和水丸应在 1 小时内全部溶散；浓缩丸和糊丸应在 2 小时内全部溶散。操作过程中如供试品黏附挡板妨碍检查时，应另取供试品 6 丸，以不加挡板进行检查。

上述检查，应在规定时间内全部通过筛网。如有细小颗粒状物未通过筛网，但已软化且无硬心者可按符合规定论。

蜡丸照崩解时限检查法片剂项下的肠溶衣片检查法检查，应符合规定。

除另有规定外，大蜜丸及研碎、嚼碎后或用开水、黄酒等分散后服用的丸剂不检查溶散时限。

【微生物限度】照微生物限度检查法检查，应符合规定。生物制品规定检查杂菌的，可不进行微生物限度检查。

第一节 丸剂的制备与操作

一、炼蜜岗位操作

开启真空泵，将该批生产量的蜂蜜从储存罐滤过抽入减压炼蜜罐。打开蒸汽，温度控制在 60℃ 左右，真空度控制在 −0.7 ~ −0.8MPa。

观察炼蜜罐内蜂蜜泡沫，若泡沫变黄，关闭蒸汽，打开通气阀，停真空泵，从炼蜜罐下口放出一部分，用波美比重计测量浓度，使之达到规定要求（65℃测）。炼好的蜂蜜挂上标志牌，认真检查重量，计算收率。

扫除场地内的杂物装入弃物桶，送出生产区。设备、容器、用具的清洁及生产区环境、清洁工具的清洁按照相关规定进行。申请 QA 现场检查并发清场合格证，及时填写清场记录。

二、蜜丸合坨岗位操作

以槽形混合机为例，按槽形混合机标准操作规程对设备进行试运行。将炼蜜打入温蜜罐，开启蒸汽阀门，使炼蜜温度达到 80℃ 左右，将药粉按槽形混合机容量分份，按批生产记录规定的药粉与炼蜜的比例称取规定量的炼蜜，将药粉倒入槽形混合机内，趁热倒入称好的炼蜜。

开动混合机，搅拌至全部滋润，色泽一致，生产结束后，关闭机器。取出药坨，盛于洁净的容器，称重，移入晾坨间，作好状态标志。本批生产完成后，计算产量并记录结果，检查批记录上各项目是否已填写齐全，签字。任何偏差都应记入相应栏内，并作说明，复核后，由班长签字。

将废弃物清出本工序。设备、容器、用具、生产区环境、清洁工具的清洁按照相关规定进行。

三、制丸岗位操作

1. 塑制法蜜丸操作

（1）蜜丸制丸用润滑剂配制操作　检查容器及加热罐状态标志及上一次清洁消毒

时间，若超过规定时间应重新清洗消毒。检查、校正称量衡器，使其符合要求。根据每周所需润滑剂的用量分别计算麻油及蜂蜡的重量。

麻油与蜂蜡比例为100:3。分别称取麻油和蜂蜡，倒入加热罐内开始加热，加热过程中随时搅拌，待蜂蜡完全融化后滤过，滤液存放于有盖容器中，称重。填写标签，将标签贴于容器上，存放于暂存间。

（2）蜜丸制备　按制丸机标准操作规程开启制丸机，待机器运转正常后，在晾坨间将药坨掰成小块晾坨，待机器运转正常后，从加料口加入，根据丸重情况调节药条粗细，合格后开始正常操作。丸重按指令要求进行控制，并做好记录，检出的不合格品重新放入加料口。

生产过程中经常在药条与机器的接触面涂刷适量润滑剂，并及时清理粘附的药物。将合格药丸接于药盘中，存放于周转车上，晾丸、选丸后，称重，转下工序。生产结束后，清理机器内的尾料，将尾料盛于洁净的容器内，贴上标签移交中间库。认真检查件数及重量，计算收率，应在工艺规定定额内，转交下工序。

清理场地内杂物，装入弃物桶，送出生产区。设备、容器、用具、生产区环境、清洁工具的清洁按照相关规定进行。

2. 泛丸操作

（1）起模　起模用药粉的计算：

$$X = 0.625D/C$$

式中，D 为药粉的总量；0.625 为标准模 100 粒的重量；C 为成品药丸 100 粒的干重。

将泛丸球用润湿剂润湿，撒布少量药粉，转动泛丸球，并刷下附着的粉末小点，再喷水、撒粉，再配合揉、撞、翻等的泛丸动作，反复多次，颗粒逐渐增大，至泛成直径 0.5～1mm 较均匀的圆球形小颗粒，筛去过大和过小的粉粒，即得丸模。

（2）泛丸成形　丸模置泛丸锅内，启动机器，使其在锅内旋转。喷入适量润湿剂或黏合剂，使丸粒表面湿润，然后撒入药粉，不断翻动，使药粉均匀的附着于丸面。如此加润湿剂或黏合剂和药粉，反复操作，至丸粒逐渐增大至一定规格。

过滚筒筛，分出过大或过小的药丸，过大的及时浸泡成糊，作湿润剂继续泛丸，小的药丸继续泛制，充分旋转，使之表面均匀光滑，过筛至全部合格。

（3）盖面　将合格的丸粒置于泛丸球内，开动机器，喷入少量水等润湿剂，均匀地湿润于丸粒表面，迅速取出，装于烘盘中，立即转至干燥间。也可以采用干粉盖面。

泛丸结束后，清理机器上的尾料，将尾料盛于洁净的容器内，称重。清理场地内的污粉、杂物及上次所用标签，装入弃物桶，送出生产区。设备、容器、用具清洁、生产区环境、清洁工具的清洁按照相关规定进行清洁。

3. 机制丸操作　按槽形混合机标准操作规程、制丸机标准操作规程进行试运行。将药粉按槽形混合机容量分份，每份药粉倒入混合机内，混合均匀，按规定的药粉与润湿剂或黏合剂的比例加入。开动混合机，使药粉与润湿剂或黏合剂混合均匀，取出软材，将其盛于洁净的容器转入制丸机中。清理混合机内的余料，取出后加入到已制好的软材中。若是制小蜜丸，直接取药坨进行制丸。

按制丸机标准操作规程开启制丸机，待机器运转正常后将软材或药坨从加料口加入，调节推料和切丸速度匹配，保证药丸大小均匀。检出的不合格品重新放入加料口。生产过程中及时清理粘附的药物。

开始及每15~30分钟检查丸重差异一次，将合格药丸接于药盘中，转入干燥间；若需继续泛丸时，转入泛丸工序。

完成后清理机器上的尾料转中间库，清理场地内的污粉、杂物及上次所用标签，装入弃物桶，送出生产区。设备、容器、用具、生产区环境、清洁工具的清洁按照相关规定进行。

四、热风循环烘箱干燥操作

装盘时将物料均匀地平铺于盘内，每盘厚度水丸≤2cm，小蜜丸≤3cm。上料时应依次自上而下排放于烘车上，防止异物掉于药料内。

每车烘盘全部装好后，送进烘箱进行干燥，挂上状态标志牌。干燥过程中及时排风，经常翻动，随时检查并控制温度，视干燥均匀情况酌情调整烘盘的位置（将上层部位盘与下层部位盘调换位置），以使物料干燥均匀，色泽一致。

水丸一般在80℃以下干燥（含较多芳香挥发性成分，或遇热易破坏成分，干燥温度均不应超过60℃）；小蜜丸一般在65℃以下干燥。

干燥结束后，将烘车拉出烘箱，凉至室温，取出，取出时烘盘应自下而上取出，防止异物掉于药料内。将物料倒入洁净容器中，称重，贴上标签，注明品名、批号、重量、操作人、日期。

本批生产完成后，计算产量并记录结果，检查批记录上各项目是否已填写齐全，签字。任何偏差均应记入相应栏内，并作说明，复核后，由班长签字。

干燥结束后把物料放入洁净的容器中，贴上标签，称重，放在暂存间，并作好状态标志，待整批产品结束后，入中间库待检。将废弃物清出本工序。设备、容器、用具、生产区环境、清洁工具的清洁按照相关规定进行。

五、小蜜丸选丸压平岗位操作

将干燥好的小蜜丸过筛，倒在选丸台上晾干过筛。过筛后的小蜜丸倒入洁净的包衣球内，按照包衣球标准操作规程操作，至小蜜丸圆整、光滑，甩上少量蜡油。

将压平后的小蜜丸继续干燥约0.5~1小时，干燥温度不高于约85℃。检查批生产记录上各项目是否已填写齐全，签字。任何偏差均应记入相应栏内，并作出解释，复核后，由班长签字。

结束后将生产过程中产生的不合格品称量，记录，移至中间库。清理场地内的污粉、杂物及上次所用标签，装入弃物桶，送出生产区。设备、容器、用具的清洁及生产区环境、清洁工具的清洁按照相关规定进行。

六、水丸包衣岗位操作

将干丸置包衣锅内加适量黏合剂（常用糖浆），分次将规定的衣粉均匀地逐次上于丸粒外层。最后一层衣粉上毕，在保持一定湿度情况下加入适量川蜡细粉，打光至符合要求。

将包衣后的水丸于包衣锅中用热风干燥，干燥后水丸装于洁净容器中，挂上标签，转入中间库。计算产量和收率，检查批生产记录上各项目已填写齐全，且结果都在限度之内，签字。任何偏差记入相应栏内，并作出解释，复核后，由班长签字。

清理场地内的污粉、杂物及上次所用标签，装入弃物桶，送出生产区。设备、容器、用具、生产区环境、清洁工具的清洁按照相关规定进行。

第二节　实　训

一、六味地黄丸基本情况

1. 处方　熟地黄160g，山茱萸（制）80g，牡丹皮60g，山药80g，茯苓60g，泽泻60g。

2. 制法　以上六味，粉碎成细粉，过筛，混匀。用乙醇泛丸、干燥制成水丸，或每100g粉末加炼蜜35～50g与适量的水，泛丸，干燥，制成水蜜丸；或加炼蜜80～110g制成小蜜丸或大蜜丸，即得。

3. 性状　本品为棕黑色的水丸、水蜜丸、棕褐色至黑褐色的小蜜丸或大蜜丸；味甜而酸。

4. 鉴别

（1）取本品，置显微镜下观察：淀粉粒三角状卵形或矩圆形，直径24～40μm，脐点短缝状或人字状（山药）。不规则分枝状团块无色，遇水合氯醛液溶化；菌丝无色，直径4～6μm（茯苓）。薄壁组织灰棕色至黑棕色，细胞多皱缩，内含棕色核状物（熟地黄）。草酸钙簇晶存在于无色薄壁细胞中，有时数个排列成行（牡丹皮）。果皮表皮细胞橙黄色，表面观类多角形，垂周壁略连珠状增厚（酒萸肉）。薄壁细胞类圆形，有椭圆形纹孔，集成纹孔群；内皮细胞垂周壁波状弯曲，较厚，木化，有细疏细孔沟（泽泻）。

（2）取本品水丸3g、水蜜丸4g，研细；或取小蜜丸或大蜜丸6g，剪碎。加甲醇25ml，超声处理30分钟，滤过，滤液蒸干，残渣加水20ml使溶解，用正丁醇－乙醇乙酯（1:1）混合溶液振摇提取2次，每次20ml，合并提取液，用氨溶液（1→10）20ml洗涤，弃去氨液，正丁醇液蒸干，残渣加甲醇1ml使溶解，作为供试品溶液。另取莫诺苷对照品、马钱苷对照品，加甲醇制成每1ml各含2mg的混合溶液，作为对照品溶液。照薄层色谱法试验，吸取供试品溶液5μl、对照溶液2μl，分别点于同一硅胶G薄层板上，以三氯甲烷－甲醇（3:1）为展开剂，展开，取出，晾干，喷以10%硫酸乙醇溶液，在105℃加热至斑点显色清晰，在紫外光（3665nm）下检视。供试品色谱中，在与对照品色谱相应的位置上，显相同颜色的荧光斑点。

（3）取本品水丸4.5g、水蜜丸6g，研细；或取小蜜丸或大蜜丸9g，剪碎，加硅藻土4g，研匀。加乙醚40ml，回流1小时，滤过，滤液挥去乙醚，残渣加丙酮1ml使溶解，作为供试品溶液。另取丹皮酚对照品，加丙酮制成每1ml含1mg的溶液，作为对照品溶液。照薄层色谱法试验，吸取上述两种溶液各10μl，分别点于同一硅胶G薄层板上，以环己烷－乙酸乙酯（3:1）为展开剂，展开，取出，晾干，喷以盐酸酸性5%

三氯化铁乙醇溶液，加热至斑点显色清晰。供试品色谱中，在与对照品色谱相应的位置上，显相同颜色的斑点。

（4）取本品水丸 4.5g、水蜜丸 6g，研细；或取小蜜丸或大蜜丸 9g，剪碎，加硅藻土 4g，研匀。加乙酸乙酯 40ml。加热回流 20 分钟，放冷，滤过，滤液浓缩至约 0.5ml，作为供试品溶液。另取泽泻对照药材 0.5g，加乙酸乙酯 40ml，同法制成对照药材溶液。照薄层色谱法试验，吸取上述两种溶液各 5～10μl，分别点于同一硅胶 G 薄层板上，以三氯甲烷–乙酸乙酯–甲酸（12:7:1）为展开剂，展开，取出，晾干，喷以 10% 硫酸乙醇溶液，在 105℃ 加热至斑点显色清晰。

供试品色谱中，在与对照药材色谱相应的位置上，显相同颜色的斑点。

5. 检查 应符合丸剂项下有关的各项规定。

6. 含量测定 照高效液相色谱法测定。

色谱条件与系统适用性试验 以十八烷基硅烷键合硅胶为填充剂，以乙腈为流动相 A，以 0.3% 磷酸溶液为流动相 B，按下表中的规定进行梯度洗脱；莫诺苷和马钱苷检测波长为 240nm，丹皮酚检测波长为 274nm；柱温为 40℃。理论板数按莫诺苷、马钱苷峰计算均不低于 4000。

时间（分钟）	流动相 A（%）	流动相 B（%）
0～5	5→8	95→92
5～20	8	92
20～35	8→20	92→80
35～45	20→60	80→40
45～55	60	40

对照品溶液的制备 取莫诺苷对照品、马钱苷对照品和丹皮酚对照品适量，精密称定，加 50% 甲醇制成每 1ml 中含莫诺苷与马钱苷各 20μg、含丹皮酚 45μg 的混合溶液，即得。

供试品溶液的制备 取水丸，研细，取约 0.5g，或取水蜜丸，研细，取约 0.7g，精密称定；或取小蜜丸或重量差异项下的大蜜丸，剪碎，取约 1g，精密称定。置具塞锥形瓶中，精密加入 50% 甲醇 25ml，密塞，称定重量，加热回流 1 小时，放冷，再称定重量，用 50% 甲醇补足减失的重量，摇匀，滤过，取续滤液，即得。

测定法 分别精密吸附对照品溶液与供试品溶液各 10μl，注入液相色谱仪，测定，即得。

本品含酒萸肉以莫诺苷（$C_{17}H_{26}O_{11}$）和马钱苷（$C_{17}H_{26}O_{10}$）的总量计，水丸每 1g 不得少于 0.9mg；水蜜丸每 1g 不得少于 0.75mg；小蜜丸每 1g 不得少于 0.50mg；大蜜丸每丸不得少于 4.5mg；含牡丹皮以丹皮酚（$C_9H_{10}O_3$）计，水丸每 1g 不得少于 1.3mg；水蜜丸每 1g 不得少于 1.05mg；小蜜丸每 1g 不得少于 0.70mg；大蜜丸不得少于 6.3mg。

7. 功能与主治 滋阴补肾。用于肾阴亏损，头晕耳鸣，腰膝酸软，骨蒸潮热，盗汗遗精，消渴。

8. 用法与用量 口服。水丸一次 5g，水蜜丸一次 6g，小蜜丸一次 9g，大蜜丸一次

1 丸，一日 2 次。

9. 规格　（1）大蜜丸，每丸重 9g；（2）水丸，每袋装 5g。

10. 贮藏　密封。

二、制备工艺解析

1. 工艺设计思路

（1）主要药物研究概述（主要药物来源、药物成分、药理作用等）　熟地黄为玄参科植物地黄 *Rehmannia glutinosa* Iibosch. 的块根经加工炮制而成。熟地黄主要所含地黄多糖具有明显的免疫抑瘤活性，还具有显著的强心、利尿、保肝、降血糖、抗增生、抗渗出、抗炎、抗真菌、抗放射等作用。熟地黄还含较少量的萜类成分和氨基酸等。

由山萸肉照酒炖法或酒蒸法制得，表面紫黑色或黑色，质滋润柔软；微有酒香气。山茱萸为山茱萸科植物山茱萸 *Cornus officinalis* Sieb. Et Zucc. 的干燥成熟果肉。目前，已从山茱萸属植物中分得挥发性成分、环烯醚萜类成分、鞣质和黄酮等 4 大类成分。山茱萸具有强心、促进免疫、抗炎、抗菌、抗应激、抗氧化、降血脂等药理作用。

牡丹皮为毛茛科植物牡丹 *Paeonia suffruticosa* Andr. 的干燥根皮。丹皮具有清热凉血、活血散瘀之功效，现代研究，其所含牡丹酚及其以外的糖苷类成分均有抗炎作用；牡丹皮的甲醇提取物有抑制血小板作用；牡丹酚有镇静、降温、解热、镇痛、解痉等中枢抑制作用及抗动脉粥样硬化、利尿、抗溃疡等作用。

山药为薯蓣科植物薯蓣 *Dioscorea Thunb.* 的干燥根茎，含甘露聚糖（mannan）、3，4 - 二羟基苯乙胺、植酸（phyticacid）、尿囊素（allantion）、胆碱、多巴胺（dopamine）、山药碱（batatasine）以及 10 余种氨基酸、糖蛋白、多酚氧化酶。山药补脾养胃，生津益肺，补肾涩精，用于脾虚食少、久泻不止、肺虚喘咳、肾虚遗精、带下、尿频、虚热消渴。

茯苓为多孔菌科真菌茯苓 *Poria cocos*（Schw.）Wolf. 的干燥菌核。茯苓的主要成分是多糖类（茯苓糖、茯苓聚糖）和三萜类（茯苓酸）、蛋白质、脂肪、卵磷脂、胆碱等。主治小便不利，水肿胀满，痰饮咳逆，呕吐，脾虚食少，泄泻，心悸不安，失眠健忘，遗精白浊。现代医学研究，茯苓能增强机体免疫功能，茯苓多糖有明显的抗肿瘤及保肝脏作用。

泽泻为泽泻科植物泽泻 *Alisma orientalis*（Sam.）Juzep 的干燥块茎。泽泻的化学成分以萜类为主，以三萜类成分为其主要成分，还含有倍半萜及二帖类等成分；另含挥发油（内含糖醛）、少量生物碱、天门冬素、植物甾醇、植物甾醇苷、脂肪酸、还含树脂、蛋白质和多种淀粉。现代研究表明：泽泻通过抗血栓形成、降低血脂、降低血浆黏度，具有抑制动脉粥样硬化斑块形成的作用，达到抗动脉粥样硬化的功效、起到延缓衰老，防病延年的目的；同时泽泻还具有利尿、解痉、保肝、抗炎、免疫调节、降血糖等作用。

（2）药物粉碎　粉碎之前药材都须烘干，其中山药、牡丹皮、茯苓、泽泻四种比较容易粉碎，可以直接粉碎。熟地黄和酒萸肉两药黏性比较大，可以进行串料粉碎（先将处方中其他中药粉碎成粗粉，再将含有大量糖分、树脂、树胶、黏液质的中药陆续掺入，逐步粉碎成所需粒度），也可采用低温粉碎（低温时物料脆性增加，易于粉碎；低温粉碎适用于在常温下粉碎困难的物料，软化点低的物料，如树脂、树胶、干浸膏等）。

（3）剂型制备　六味地黄丸之所以选择制成水蜜丸是因为蜂蜜含有大量还原性糖可以有效地防止药材中易氧化成分变质，作用缓和持久；水蜜丸丸粒小，光滑圆整，易于吞服，成本相对低。

2. 工艺关键技术

（1）粉碎时细度应达到要求，以防止丸表面粗糙，影响产品质量。由于熟地黄和酒萸肉两药含糖类等黏性成分较多，故应采用串料粉碎或低温粉碎。

（2）炼蜜与药粉比例控制好，混合均匀，使药坨软硬适中，均匀一致。

3. 工艺点评　由于处方中各位药通过粉碎就可以使有效成分被人体吸收，不需要进行提取有效成分，这样节省了药品生产时间、成本，简化了生产工序。

4. 六味地黄丸的相关研究动态　对于六味地黄已研究多年，其中六味地黄丸、六味地黄丸（浓缩丸）、六味地黄软胶囊、六味地黄胶囊、六味地黄颗粒已被《中国药典》收录。后四者都是经过对药材煎煮、有效成分提取而制成的不同剂型，原料相同，只是药材比改变，与传统的六味地黄丸相比，减少了服药剂量，提高了病人的顺应性。另外，已有六味地黄口服液上市。

三、六味地黄丸生产工艺

1. 主题内容　本工艺规定了六味地黄丸生产全过程的工艺技术、质量、物耗、安全、工艺卫生、环境保护等内容。本工艺具有技术法规作用。

2. 适用范围　本工艺适用于六味地黄丸生产全过程。

3. 引用标准　《中国药典》、《药品生产质量管理规 2010 年修订》。

4. 职责

编写：生产部、质量部技术人员。

汇审：生产部、质量部及其他相关部门负责人。

审核：生产部经理、质量部经理。

批准：总经理。

执行：各级生产质量管理人员及操作人员。

监督管理：QA、生产质量管理人员。

5. 产品概述

（1）产品名称　六味地黄丸(Liuwei Dihuang Wan)

（2）产品特点

性状：本品为棕黑色的水蜜丸，味甜而酸。

规格：（1）大蜜丸 每丸重 9g；（2）水丸 每袋装 5g。

功能与主治：滋阴补肾。用于肾阴亏损，头晕耳鸣，腰膝酸软，骨蒸潮热，盗汗遗精，消渴。

用法与用量：口服，一次 6g，一日 2 次。

贮藏：密封。

有效期：3 年。

新药类别：本品为国家中药仿制品种。

（3）处方来源　本处方出自《中国药典》一部。

处方：熟地黄 160g，山茱萸（制）80g，牡丹皮 60g，山药 80g，茯苓 60g，泽泻 60g，共 500g。

处方依据：《中国药典》一部。

批准文号：⋯⋯

生产处方：为处方量×倍。

6. 工艺流程图　见图 6-1。

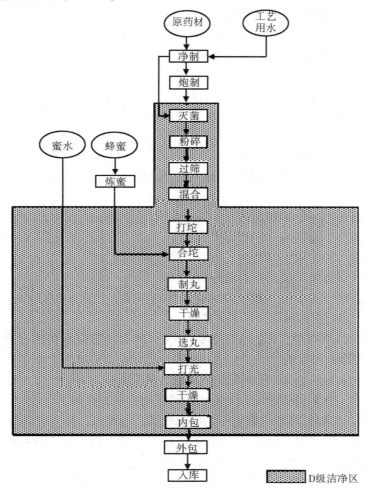

图 6-1　六味地黄丸工艺流程

7. 中药材的前处理

（1）炮制依据　《中药材炮制通则》、《全国中药炮制规范（1988 年版）》。

（2）炮制方法和操作过程

熟地黄：去净杂质。

山茱萸（制）：取净山茱萸，照酒炖法或酒蒸法炖或蒸至酒吸尽，干燥。每 100kg

用黄酒 20kg。

牡丹皮：去净杂质，抢水洗净。

山药：去净杂质，洗净干燥。

茯苓：筛去灰屑。

泽泻：去净杂质，洗净，干燥。

8. 中药材的前加工和质量控制点

（1）配料　依据生产指令、配核料单，按生产处方量逐味称取中药材备料。将拣选好的熟地黄在 100℃±10℃ 下，在厢式干燥厢中烘 6 小时，药材铺盘厚度≤3cm。

（2）灭菌　湿热、臭氧或乙醇蒸气灭菌。

（3）粉碎　将炮制后的六味药材分别用万能粉碎机粉碎成细粉。

（4）过筛　将药粉用筛粉机过 100 目筛。

（5）定额包装　生药粉过 100 目筛后用塑料袋装好封口，再用编织袋装好封口，标明状态标识，定额包装，零头单独包装存放，检验合格后入库。

（6）混合　将过筛后的六味地黄丸生药粉按生产处方准确称量，投入 V 形混合机内混合 20 分钟。

9. 制剂操作过程和质量控制点

（1）炼蜜　取检验合格的蜂蜜经滤过抽入减压炼蜜罐内，用减压浓缩方法进行炼制。

（2）真空压力　−0.089MPa。

（3）蒸汽压力　0.1～0.15 MPa。

（4）波美度　39～42（65℃测）。

（5）温蜜　将炼蜜于温蜜罐内温至 80℃左右。

（6）制黏合剂　将 1 份（质量）纯化水加热至沸，加入 3 份炼蜜，同时搅拌至全部溶化，煮沸，滤过，即可。

（7）合坨　药粉与黏合剂按 1:（0.8～1.1）的比例于混合机内混合至全部滋润，色泽一致，置洁净药坨盘内。

（8）制丸　制丸机选 φ4 的模具，将软材制成湿丸粒。

（9）配蜜水　将 1 份炼蜜加入 1 份煮沸的纯化水中，搅匀。

（10）盖面　将湿丸粒置包衣机中，启动机器，加蜜水，使丸粒润湿，撒少许干药粉于湿完粒上，搅拌均匀，使药粉粘附在丸粒上，包衣机转动 15 分钟。依次反复操作，直至丸粒表面光滑平整，直径 4.5～5.0mm 为止。

（11）干燥　小蜜丸移至热风循环烘干箱进行干燥，水分≤7.0%。

（12）温度　不高于 60℃。

（13）选丸　将烘后的水丸投入 φ4.3～5.5 的选丸机，选取 4.5～5.0mm 的丸粒。

（14）打光　将选取的丸粒投入包衣锅中喷入蜜水使丸粒湿润均匀，调节转速使丸粒相互摩擦 10 分钟，依次反复操作三次至丸粒表面乌黑光滑。将打光后的水丸后转入热风循环烘箱中，在 60℃下干燥 180～240 分钟，至水分小于 12%。干燥后的丸粒装入塑料袋中，再用不锈钢桶装好，附上桶笺，转入待包装间待验。

（15）内包装。

（16）外包装。

10. 工艺卫生要求 净制、炮制、外包装工序工艺卫生执行一般生产区工艺卫生规程，环境卫生执行一般生产区环境卫生规程。

灭菌、粉碎、过筛、混合、炼蜜、合坨、制丸、内包装工序工艺卫生执行 D 级洁净区工艺卫生规程，环境卫生执行 D 级洁净区环境卫生规程。

11. 质量标准

（1）原料的质量标准 熟地黄、山茱萸（制）、牡丹皮、山药、茯苓、泽泻。

（2）辅料的质量标准 蜂蜜、乙醇。

（3）包装材料的质量标准。

（4）成品的质量标准。

12. 中间品、成品的质量控制

（1）药粉 细度检查：应全部通过 100 目筛；水分：≤7.0%；均匀度检查：应混合均匀、色泽一致；微生物限度检查：细菌总数≤500 个/g，霉菌数≤50 个/g，大肠埃希菌、活螨不得检出。

（2）药坨 应软硬适宜，细腻滋润，色泽一致，不粘手，不干裂，不得有异物。

（3）待包装品 检查：应圆整均匀、色泽一致，细腻滋润，软硬适中；鉴别：应具六味地黄丸的显微特征，应检出丹皮酚；溶散时限：≤40 分钟；含量测定：按马钱苷（$C_{17}H_{26}O_{10}$）计，每 1g 不得少于 0.70mg。

（4）成品 检查：应圆整均匀、色泽一致，细腻滋润，软硬适中；装量差异：随机取 10 袋，精密称定每袋内容物的重量，装量范围为 9g±0.36g；水分：11%～14%；微生物限度检查：细菌总数≤8000 个/g，霉菌、酵母菌总数≤80 个/g，大肠埃希菌、活螨不得检出；鉴别：应具六味地黄丸的显微特征，应检出丹皮酚、莫诺苷、马钱苷、泽泻；含量测定：马钱苷（$C_{17}H_{26}O_{10}$）和莫诺苷（$C_{17}H_{26}O_{11}$）总计，每 1g 不得少于 0.75mg。

13. 包装、标签、说明书的要求 装量准确：每袋 9g；粘签：端正、美观、整洁、不开签、不松签、不皱褶；盒外观四角要见方，上下不得出现明显凹凸不平，折盒插盒不得有飞边，不得有破损；装盒装箱：填塞紧密、不松动；印字：产品批号、生产日期、有效期应正确无误、印字清晰、整洁、不歪斜。

14. 经济技术指标和物料平衡

统计原料、辅料、包装材料、中间品量、成品量。

净制收率 = 净药材重量/原药材重量×100%

炮制收率 = 炮制后药材重量/净药材重量×100%

药材粉碎收率 = 粉碎后药粉重量/原药材重量×100%

过筛收率 = 过筛后药粉重量/粉碎后药粉重量×100%

混合收率 = 混合后药粉重量/过筛后药粉重量×100%

炼蜜收率 = 合格蜂蜜重量/炼制前蜂蜜重量×100%

合坨收率 = 药坨重量/（药粉重量 + 炼蜜重量）×100%

制丸收率 = 药丸重量/（药坨重量 + 润滑油重量）×100%

分装收率 = 复合袋数 × 平均装量/药丸重量 × 100%

一次成品率 = 实际产量/理论产量 × 100%

产品、物料实际产量、实际用量及收集到的损耗之和与理论产量或理论用量之间进行比较，制定可允许的偏差范围。

15. 技术安全及劳动保护

（1）技术安全　车间内严禁动用明火，并设有消防栓、消火器等消防器材，安放于固定位置，定期检查，以备应用。新职工进厂要进行安全教育，定期培训。所有设备每年进行一次校验，经常检查，以保证正常生产。下班时要仔细检查水、电、气、火源，并作好交班工作，无接班者，要切断电源，关闭水阀，熄灭火种，清理好工作场所，确无危险后方可离开。

各工序的电器设备必须保持干燥、清洁。企业设有专用变压器、配电室，装置总闸，各车间配有分闸，下班拉闸，切断电源，中途有关电器和线路出现异常时，立即切断电源，及时找电工修理，电器设备和照明装置必须遵守电器安全规程，要符合电器防暴要求。

各机器的传送带、明齿轮和转动轴等转动部分，必须设安全罩。进入操作间，应严格按要求将工作服穿戴整齐，包括头发裹进帽内，戴好口罩。机器运转部分应有防护罩或有注意安全的警示标志；严禁在没有通知同伴的情况下独自开机；禁止在转动设备上放置杂物及工具。

（2）劳动保护　操作者操作时，穿戴好工作服、鞋、帽、口罩等，并妥善保管，正确使用。

第七章 ▶ 滴丸剂制备工艺与操作

　　滴丸指固体、液体药物或饮片提取物与基质加热熔化混匀后，滴入不相混溶的冷凝液中，制成的球形或类球形制剂。常用水溶性基质有聚乙二醇6000、聚乙二醇4000、硬脂酸钠等，冷凝剂则选用液状石蜡、硅油等；脂溶性基质有硬脂酸、单硬脂酸甘油酯等，冷凝剂选用水、乙醇等。

　　常用的滴丸制剂是将提取物（包括部分难溶性成分）或主药加入特定的载体（基质或辅料），通过熔融法、溶剂法或溶剂－熔融法等技术制成呈高度分散的固体分散体，业内也将其称为固态溶液，简称固化液。由于载体对药物具有湿润、阻碍聚集、增溶和抑晶作用，药物在基质中主要以分子、微晶或胶体状态存在，药物总表面积增大，不仅增加了某些难溶性中药有效成分的溶解度、溶出速度和吸收速率，还提高了有效成分的生物利用度。以水溶性基质制备的滴丸，溶散时限大多在5～15分钟，不超过30分钟，所以起效快；滴丸除可口服，还可舌下含服，通过口腔黏膜直接吸收入血，起效更快。

　　滴丸是一种固态的液体制剂，其制备成形过程涉及流体动力学范畴的理论和实验。为使制备的滴丸能满足其特征性指标，使其制备工艺科学、可控和程序化，工艺研究已深入到以流体动力学理论指导研究的阶段，如利用流体动力学的理论，研究滴丸成形过程的药液表面张力、冷凝液表面张力和两者的界面张力范畴，从而使制备过程更科学、合理。

　　中药滴丸的配方、药液表面张力、滴制温度及速度、滴管口径、冷凝液的黏度、表面张力及温度均影响滴丸的特征性指标，包括圆整度、硬度、溶散时限、丸重差异和收率等。中药滴丸往往不是由单一成分组成，因此在生产中为保证滴丸的上述特征性指标，多采用正交设计、均匀设计等方法优选最佳工艺。

　　滴丸具有如下一些特点：设备简单、操作方便、利于劳动保护，工艺周期短、生产率高；工艺条件易于控制，质量稳定，剂量准确，受热时间短，易氧化及具挥发性的药物溶于基质后，可增加其稳定性；基质容纳液态药物量大，故可使液态药物固体化，如芸香油滴丸含油可达83.5%；用固体分散技术制备的滴丸具有吸收迅速、生物利用度高的特点，如灰黄霉素滴丸有效剂量是100目细粉的1/4、微粉（粒径5μm以下）的1/2；发展了耳、眼科用药新剂型，五官科制剂多为液态或半固态剂型，作用时间不持久，做成滴丸可起到延效作用。

　　滴丸剂的种类有：速效高效滴丸、缓释控释滴丸、溶液滴丸、栓剂滴丸、硬胶囊滴丸、包衣滴丸、脂质体滴丸、肠溶衣滴丸、干压包衣滴丸等。

　　滴丸剂在生产与贮藏期间应符合下列有关规定。

　　（1）根据不同品种可选用水溶性基质或非水溶性基质。常用基质有聚乙二醇类、泊洛沙姆、硬脂酸聚烃氧（40）酯、明胶、硬脂酸、单硬脂酸甘油酯、氢化植物油等。

（2）冷凝介质必须安全无害，且与药物不发生作用。常用的冷凝介质有液状石蜡、植物油、甲基硅油和水等。

（3）滴丸应圆整均匀，色泽一致，无粘连现象，表面无冷凝介质黏附。

（4）根据药物的性质与使用、贮藏的要求，在滴制成丸后可包衣。

（5）除另有规定外，滴丸剂应密封贮存。

滴丸剂应进行以下相应检查。

【重量差异】除另有规定外，滴丸剂照下述方法检查应符合规定。

检查法　取供试品 20 丸，精密称定总重量，求得平均丸重后，再分别精密称定每丸的重量。每丸重量与平均丸重相比较（无标示丸重的，与平均丸重比较），按表 7 - 1 中的规定，超出重量差异限度的不得多于 2 丸，并不得有 1 丸超出限度 1 倍。

表 7 - 1　滴丸剂重量差异限度

平均丸重	重量差异限度
0.03g 及 0.03g 以下	±15%
0.03g 以上至 0.1g	±12%
0.1g 以上至 0.3g	±10%
0.3g 以上	±7.5%

包糖衣滴丸应检查丸芯的重量差异并符合规定，包糖衣后不再检查重量差异。包薄膜衣滴丸应在包衣后检查重量差异并符合规定；凡进行装量差异检查的单剂量包装滴丸剂，不再检查重量差异。

【装量差异】单剂量包装的滴丸剂，照下述方法检查应符合规定。

检查法　取供试品 10 袋（瓶），分别称定每袋（瓶）内容物的重量，每袋（瓶）装量与标示装量相比较，按表 7 - 2 的规定，超出装量差异限度的不得多于 2 袋（瓶），并不得有 1 袋（瓶）超出限度 1 倍。

表 7 - 2　滴丸剂装量差异限度

标示装量	装量差异限度
0.5g 及 0.5g 以下	±12%
0.5g 以上至 1g	±11%
1g 以上至 2g	±10%
2g 以上至 3g	±8%
3g 以上	±6%

【溶散时限】照崩解时限检查法检查，除另有规定外，应符合规定。

【微生物限度】照微生物限度检查法检查，应符合规定。

第一节　滴丸的制备与操作

一、滴丸剂岗位职责

严格执行滴丸剂岗位操作法及滴丸滴制设备标准操作规程；负责滴丸所用设备的安全使用及日常清洁、保养，保障设备的良好状态，防止安全事故的发生；严格按照生产指令核对滴丸物料名称、数量、规格、外观无误；认真检查滴丸机是否清洁干净、清场状态；自觉遵守工艺纪律，监控滴丸机的正常运行，确保滴丸岗位不发生混药、错药或对药品造成污染。发现偏差及时上报；认真如实填好生产记录，做到字迹清晰、内容真实、数据完整，不得任意涂改和撕毁，做好交接记录，不合格产品不能进入下道工序；工作结束或更换品种时应及时做好清洁卫生并按有关规程进行清场工作，认真填写相应记录。做到岗位生产状态标识、设备及生产工具所处状态标识清晰明了。

二、滴丸剂岗位操作

按滴丸机标准操作规程设定"制冷温度"、"油浴温度"和"滴盘温度"，启动制冷、油泵、滴罐加热、滴盘加热。

在罐的加料口，投入已调剂好的原料，关闭加料口（原料可以是固体粒状、粉末状，或在外部加热成液体状再投料均可）。打开压缩空气阀门，调整压力为 0.6MPa，原料黏度小可不使用压缩空气。当药液温度达到设定温度时，将滴头用开水加热浸泡 5 分钟，戴手套拧入滴罐下的滴头螺纹上。启动"搅拌"开关，调节调速旋钮，使搅拌器在要求的转速下进行工作。

待制冷温度、药液温度和滴盘温度显示达设定值后，缓慢扭动滴缸上的滴头开关，打开滴头开关，使药液以约 1 滴/秒的速度下滴。试滴 30 秒，取样检查滴丸外观是否圆整，去除表面的冷却油后，称量丸重，根据实际情况及时对冷却温度、滴头与冷却液面的距离和滴速作出调整，必要时调节面板上的"气压"或"真空"旋钮，直至符合工艺规程为止。

正式滴丸后，每小时取丸 10 粒，用罩绸毛巾抹去表面冷却油，逐粒称量丸重，根据丸重调整滴速。收集的滴丸在接丸盘中滤油 15 分钟，然后装进干净的脱油用布袋，放入离心机内脱油，启动离心机 2~3 次，待离心机完全停止转动后取出布袋。

滴丸脱油后，利用合适规格的大、小筛丸筛，分离出不合格的大丸和小丸、碎丸，中间粒径的滴丸为正品，倒入内有干净胶袋的胶桶中，胶桶上挂有物料标志，标明品名、批号、日期、数量、填写人。

连续生产时，当滴罐内药液滴制完毕时，关闭滴头开关，将"气压"和"真空"旋钮调整到最小位置，然后按以上步骤进行下一循环操作。

生产结束后关闭滴头开关；将"气压"和"真空"旋钮调整到最小位置，关闭面板上的"制冷"、"油泵"开关；将盛装正品滴丸的胶桶放于暂存间；收集产生的废丸，如工艺允许，可循环再用于生产，否则用胶袋盛装，称重并记录数量，放于指定地点，作废弃物处理。

连续生产同一品种时，在规定的清洁周期设备按滴丸机清洁规程进行清洁、生产环境按 D 级洁净区清洁规程进行清洁；非连续生产时，在最后一批生产结束后按以上要求进行清洁；每批生产结束后按滴丸间清场规程进行清场，并填写清场记录；将本批生产的"清场合格证"、"中间品递交许可证"、"准产证"贴在批生产记录规定位置上；复查本批的批生产记录，检查是否有错漏记。如实填写各生产操作记录。

生产工艺及安全管理要点：滴丸操作室洁净度按 D 级要求，室内相对室外呈正压。产场地的地面比较光滑，应随时保持地面清洁，在行走时动作要轻，跨步不要太大，严禁跑跳，慎防滑倒；生产过程中使用台级加料前，必须先检查是否有滑动现象，要慢上慢落，避免因台级滑动或鞋底打滑而摔倒。放入离心机的物料要均匀放入缸体内，装入物料不可过满，加盖并上紧后方可启动，不可边转边加物料；出料时必须等其完全停止转动后方可打开盖。设备、容器、用具清洁、生产区环境、清洁工具的清洁按照相关规定进行清洁。

滴丸质量控制关键点：滴丸外形（是否圆整、有无粘连、拖尾）；滴丸丸重；溶散时限。

三、滴丸机清洁标准操作

往滴罐注入 80℃以上的饮用水（必要时加入清洁液），关闭。打开"搅拌"开关，调节调速旋钮，对滴罐内热水进行搅拌，提高搅拌器转速，使残留的药液溶于热水中。在滴头上插上放水胶管，然后打开滴头开关，将热水从滴头排出。打开滴头开关前，在冷却柱上口处放进接盘，防止泄漏的热水滴入冷却柱内，影响冷却油的纯度。重复以上操作，直至滴罐内无药液残留、饮用水清澈无泡沫，然后用纯化水清洗，最后待滴罐内的水全部流出为止。用 75% 乙醇擦拭消毒。关闭电源，拔下电源插头。拆卸滴头，用热水清洗干净，吹干，用 75% 乙醇擦拭消毒，挥干乙醇后戴手套拧入滴罐下的滴头螺纹上。表面用饮用水擦净，必要时用洗洁精溶液擦拭后用饮用水擦拭至无滑腻感觉。

四、滴丸剂生产中常见问题及排除方法

滴丸剂生产中常见问题及排除方法见表 7-3。

表 7-3　滴丸剂生产中常见问题及排除方法

序号	故障现象	发生原因	排除方法
1	粘连	冷却油温度偏低，黏性大，滴丸下降慢	升高冷却油温度
2	表面不光滑	冷却油温度偏高，丸形定形不好	降低冷却油温度
3	滴丸带尾巴	冷却油上部温度过低	升高冷却油温度
4	滴丸呈扁形	冷却油上部温度过低，药液与冷却油面碰撞成扁形，且未收缩成球形就已成形	升高冷却油温度
		药液与冷却油密度不相符，使液滴下降太快影响形状	改变药液或冷却油密度，使两者相符

续表

序号	故障现象	发生原因	排除方法
5	丸重偏重	药液过稀，滴速过快	适当降低滴罐和滴盘温度，使药液黏稠度增加
		压力过大使滴速过快	调节压力旋钮或真空旋钮，减小滴罐内压力
		药液太黏稠，搅拌时产生气泡	适当增加滴罐和滴盘温度，降低药液黏度
6	丸重偏轻	药液太黏稠，滴速过慢	适当升高滴罐和滴盘温度，使药液黏稠度降低
		压力过小使滴速过慢	调节压力旋钮或真空旋钮，增大滴罐内压力

第二节　实　训

一、咽立爽口含滴丸基本情况

1. 处方　天然冰片 2.5g，艾纳香油 1.25g，薄荷素油 1.5g，薄荷脑 0.75g，甘草酸单铵盐 1.5g，聚乙二醇 6000 17.5g。

2. 来源　《国家中成药标准汇编眼科耳鼻喉科皮肤科分册》51 页。

3. 制法　以上五味药，将聚乙二醇 6000 加热熔融，天然冰片和薄荷脑研磨至黏稠液体，加入艾纳香油、薄荷素油稀释，再加甘草酸单铵盐搅拌均匀，转移至滴丸机中于 85℃保温 10 分钟。用直径为 0.25cm 滴头滴入 10℃的液状石蜡中，调节滴速为 60 丸/分钟，收集成形的滴丸，脱油，即得。

4. 性状　本品为白色至浅黄色滴丸；有特异香气，味甜、微苦。

5. 鉴别　本品在〔含量测定〕项下所得色谱中的保留时间，应与对照品的保留时间一致。

6. 检查　取龙脑及冰片对照品适量，分别加水饱和的乙酸乙酯制成每 1ml 含 4mg 的溶液，作为对照品溶液，分别取〔含量测定〕项下的供试品溶液及上述对照品溶液 1μl 注入气相色谱仪，记录色谱图，供试品色谱中应呈现与对照品保留时间相同的色谱峰，其中异龙脑峰面积与龙脑峰面积的比值应不大于 5%。

其他应符合《中国药典》滴丸剂项下有关的各项规定。

7. 含量测定　照气相色谱法测定。

色谱条件与系统适用性试验　以聚乙二醇 20M 为固定相，涂布浓度为 10%；柱温为 140℃；理论板数以水杨酸甲酯计算应不低于 2500。

校正因子测定　取水杨酸甲酯 1ml，置 50ml 量瓶中，加水饱和的乙酸乙酯至刻度，作为内标溶液。另取薄荷脑对照品 20mg，龙脑对照品 40mg，精密称定，置 10ml 量瓶中，精密加入内标溶液 1ml，用水饱和的乙酸乙酯稀释至刻度，摇匀，注入气相色谱仪，计算校正因子，即得。

供试品溶液的制备　取本品适量，研细，取 0.25g，精密称定，置 10ml 量瓶中，精密加入内标溶液 2ml，加入水饱和的乙酸乙酯稀释至刻度，即得。

测定法　精密吸取供试品溶液 1μl，注入气相色谱仪，测定，即得。

本品每 1g 含薄荷脑（$C_{10}H_{20}O$）不得少于 30.0mg、含龙脑（$C_{10}H_{18}O$）不得少于 75.0mg。

8. 功能与主治　苗医：宋宫证，抬凯抬蒙。中医：疏散风热，解毒止痛。用于急性咽炎，症见咽喉肿痛、咽干、口臭等症。

9. 用法与用量　含服，一次 1~2 丸，一日 4 次。

10. 注意

（1）勿空腹服用或一次大剂量服用，勿直接吞入胃肠道，避免引起胃肠刺激。

（2）孕妇慎用。

11. 规格　每丸重 0.025g。

12. 贮藏　密封。

13. 有效期　1.5 年。

二、制备工艺解析

1. 工艺设计思路

（1）主要药物研究概述（主要药物来源、药物成分、药理作用等）　天然冰片系以龙脑香科植物龙脑香 *Dryobalanpos aromatica* Gaertner f. 的树干经水蒸气蒸馏所得的结晶。具有开窍醒神，清热止痛之功效。用于热病神昏、痉厥，中风痰厥，气郁暴厥，中恶昏迷，目赤，口疮，咽喉肿痛，耳道流脓。

艾纳香油系菊科植物艾纳香 *Blumea balsamifera* DC. 的叶的升华物经压榨分离而得的油。是提取天然冰片产品的附属产品，其中含有左旋龙脑、樟脑、挥发油、油脂及其他有用成分，具有很好的杀菌消炎作用。

薄荷素油为唇形科植物薄荷 *Mentha haplocalyx* Briq. 的新鲜茎和叶经水蒸气蒸馏，再冷冻，部分脱脑加工得到的挥发油，是常用的芳香药、调味药及祛风药。可用于皮肤或黏膜产生清凉感以减轻不适及疼痛。另具有舒肝理气、利胆。主要用于慢性结石性胆囊炎，慢性胆囊炎及胆结石肝胆郁结，湿热胃滞证。

薄荷脑系由薄荷的叶和茎中所提取，为白色晶体，分子式 $C_{10}H_{20}O$，为薄荷和欧薄荷精油中的主要成分，在医药上用作刺激药，作用于皮肤或黏膜，有清凉止痒作用；内服可作为祛风药，用于头痛及鼻、咽、喉炎症等。

甘草酸单铵盐具激素样活性，但无激素的副作用，不仅对气管炎、支气管炎、咳嗽、哮喘等呼吸系统疾病有显著疗效。而且对消化道感染、乙型肝炎、口腔溃疡、胃溃疡等也有奇效。对于多种毒素如白喉毒素、河豚毒素、破伤风毒素和蛇毒等有着较强的解毒功效。同时还具有类似肾上腺皮质激素的作用。

（2）剂型制备　以上五味药，将聚乙二醇 6000 加热熔融，天然冰片和薄荷脑研磨至黏稠液体，加入艾纳香油、薄荷素油稀释，再加甘草酸单铵盐搅拌均匀，转移至滴丸机中于 85℃保温 10 分钟。用直径为 0.25cm 滴头滴入 10℃的液状石蜡中，调节滴速为 60 丸/分钟，收集成形的滴丸，脱油，即得。

（3）质量控制　采用气相色谱法检测薄荷脑、龙脑的含量。本品每1g含薄荷脑（$C_{10}H_{20}O$）不得少于30.0mg，含龙脑（$C_{10}H_{18}O$）不得少于75.0mg。

2. 工艺关键技术

（1）药物与基质要按适当的比例混合。

（2）因为聚乙二醇6000（PEG 6000）为水溶性基质所以采用液状石蜡作为冷凝液。

（3）滴丸机条件的设置，制备过程的温度、滴速、滴管口径以及滴管到冷凝液液面的距离等都能影响药物的分散状态、丸重和丸的圆整度。

3. 工艺点评　固体分散体按分散状态主要分为：低共熔混合物、固体溶液、玻璃溶液或玻璃混悬液和共沉淀物。

（1）药物在基质中的分散状态　当药物分子量≤1000时，形成填充型固态液体，药物以分子状态分散，同时载体固化时黏度大，能阻滞药物分子聚集结晶，成为无定形的亚稳态。

当药物分子与载体分子大小相近，又没有空间位阻时，溶质分子可取代溶剂分子，形成分子分散的固态液体，或玻璃态溶液。

（2）丸重　制备滴丸时药液自滴管口自然滴出，液滴的重量即是丸重。影响丸重的因素很多，如管口的半径应大小适宜；操作时应保持恒温；滴管口与冷凝液的液面距离应控制在5cm以下，以防滴丸下降速度太快。

（3）成丸　在滴制过程中能否成丸形，取决于滴丸的内聚力，内聚力大于药液与冷凝液的黏附力才能形成滴丸。滴丸的内聚力与药液的界面张力有关，加入界面活性剂，可使滴丸易于成形。

（4）圆整度　液滴在冷凝液中由于界面张力的作用，使两液间的界面缩小，因而一般滴丸成球形。影响圆整度的因素如下。①液滴的重力或浮力，液滴在冷凝中的移动速度越快，受的影响越大，易成扁形。液滴与冷凝液的相对密度差较大或冷凝液的黏度小，都能增加移动速度而影响滴丸的圆整度。②冷凝液应梯度冷却，因为滴出的液滴经空气到达冷凝液的液面时，可被碰成扁形，并带着空气进入冷凝液，此时如冷凝液上部温度太低，未收缩成丸前就凝固，导致滴丸不圆整、有空洞、带尾巴。上部温度一般在40~60℃，使滴丸有充分收缩和释放气泡的机会。③液滴的大小不同，所产生的单位重量面积不同，液滴小，单位面积大，收缩成球的力量强，形成的滴丸圆整。

4. 滴丸相关研究动态

（1）工艺　用均匀设计法优选咽立爽口含滴丸的滴制工艺条件中，其重点考察了药物与基质的配比、基质种类、滴距、滴速和滴口内外径5个因素的影响，根据确定的最佳工艺制备的产品，以丸重差异、圆整度为测评指标，各项指标均符合《中国药典》滴丸剂项下要求。

（2）辅料　通过加大对药用高分子材料的研究，发现更多品种、更适宜的新型辅料，以解决滴丸剂可供选择的基质和冷凝剂少的问题，要注意辅料对制剂含量测定以及薄层鉴别的干扰以及服用量和药效的关系；通过将药物精制纯化和选择适宜的混合载体,以适应滴丸载药量小的问题;同时,可以将不同性质的有效成分进行乳化、包含、微囊化后与基质混合再滴,可避免其相互作用,如将药物制成速效、缓释两种滴丸后用在同一剂型上,可以充分发挥疗效。

三、咽立爽口含滴丸生产工艺

1. 主题内容　本工艺规定了咽立爽口含滴丸生产全过程的工艺技术、质量、物耗、安全、工艺卫生、环境保护等内容。本工艺具有技术法规作用。

2. 适用范围　本工艺适用于咽立爽口含滴丸生产全过程。

3. 引用标准　《国家中成药标准汇编眼科耳鼻喉科皮肤科分册》、《中国药典》、《药品生产质量管理规范（2010 年修订）》。

4. 职责

编写:生产部、质量部技术人员。

汇审:生产部、质量部及其他相关部门负责人。

审核:生产部经理、质量部经理。

批准:总经理。

执行:各级生产质量管理人员及操作人员。

监督管理:QA、生产质量管理人员。

5. 产品概述

（1）产品名称　咽立爽口含滴丸　（Yanlishuang Kouhan Diwan）

（2）产品特点

性状:本品为白色至浅黄色滴丸;有特异香气,味甜、微苦。

规格:每丸重 0.025g。

功能与主治:苗医,宋宫证,抬凯抬蒙;中医,疏散风热,解毒止痛。用于急性咽炎,症见咽喉肿痛、咽干、口臭等症。

用法与用量:含服,一次 1～2 丸,一日 4 次。

贮藏:密封。

有效期:1.5 年。

新药类别:本品为国家中药仿制品种。

（3）处方来源　本处方出自《国家中成药标准汇编眼科耳鼻喉科皮肤科分册》51 页。

处方:天然冰片 2.5g,艾纳香油 1.25g,薄荷素油 1.5g,薄荷脑 0.75g,甘草酸单铵盐 1.5g,聚乙二醇 6000 17.5g。

处方依据　《国家中成药标准汇编眼科耳鼻喉科皮肤科分册》51 页。

批准文号:……。

生产处方:为处方量×倍。

6. 工艺流程　见图 7-1。

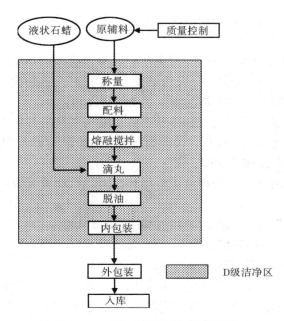

图 7 – 1　咽立爽口含滴丸工艺流程

7. 生产操作过程和工艺条件　车间各工序温度控制在 18 ~ 26℃，相对湿度控制在 45% ~ 65%。车间内称量配料工序、滴丸工序、内包装工序均在 D 级洁净区内生产，纯化水制备、外包装工序在一般生产区内生产。

8. 原料的前加工和质量控制点

（1）配料　称量前应仔细检查计量器具是否有检验合格证、是否在有效期限内、是否已校准，否则不得称量。依据生产指令、配核料单，按生产处方量逐味称取原辅料备料。仔细核对物料品名、批量、性状、规格，一人称量，一人复核。

将称配好的物料用洁净的周转桶盛装，填写好物料卡放入桶内，盖好桶盖，桶外贴好标签（标签上应注明物料名称、重量、物料状态），交下工序。称量完毕按洁净区岗位清洁做好清洁卫生工作。

（2）粉碎　天然冰片和薄荷脑研磨至黏稠液体。

（3）稀释　加入艾纳香油、薄荷素油稀释，加甘草酸单铵盐搅拌均匀。

（4）熔融　将聚乙二醇 6000 水浴加热熔融。

（5）混合　将以上混合物混合均匀。

9. 制剂操作过程和质量控制点　滴丸机整机接入电源，接好压缩空气管路，调整压力在 0.6MPa。打开电源主控开关，滴丸机滴头侧面的照明灯点亮，表示主机电源已经接通；同时，触摸屏自动进入操作画面。

（1）参数设定　在操作画面中，仔细观察触摸屏中◀◀的位置，判断设备是处于"自动"状态，还是处于"手动"状态。正常时为"手动"状态。系统进入"手动状态"后，点击"参数设定"，设定各参数。

点击"参数设定"，此时屏幕显示各参数以前所设定之值，若不需要更改，点击"退出"键即可。若需要进行更改，则点击所需更改的参数后，输入正确的参数，然后点击"确认"键，即可完成参数的更改操作。更改完毕后，按"返回"键，系统返回操作画面。

点击"加热"键和加热油泵的"开关"键，系统进入加热状态。此时油液和药液开始升温，系统进入"预热状态"，大约需要 1~2 小时。达到设定温度后，系统将会自动停止加热，也可以点击"加热"键，手动停止加热。

点击"制冷"开关，系统进入制冷状态，压缩机和风机开始工作，这个过程大约需要 1 小时左右。到达设定温度后，关闭制冷机。"制冷"与"加热"过程可以同步进行，这样可以缩短准备工作的时间。

点击"磁力泵"开关，使冷却液进行循环，同时拉动滴液罐左侧气缸升降模向阀使冷却柱升起。

点击"管口加热"开关，使冷却柱上端达到设定温度。

（2）装药　打开"调料罐"的装药口，装入已配好的混合物，关闭"调料罐"的装药口，加热至85℃。在药液温度低于80℃时切不可以打开搅拌电机进行搅拌。工作时"调料罐"内部有压力，所以在向"调料罐"加药后，一定要将装药口的胶垫放置好，并拧紧加药口卡箍的螺栓，保证"调料罐"的整体密封性。

（3）搅拌　当药液温度达到设定的温度时，可点击触摸屏的"搅拌"开关，"调料罐"上部的搅拌电机开始工作，药液搅拌均匀 10 分钟后，即可进行下一道工序。

（4）上药（调料罐→滴液罐）　此工序用触摸屏进行操作。点击"上药管阀门"，系统进入上药状态。当药液达到"滴液罐"内部的上液位时，系统会自动关闭"上药管阀门"。

（5）滴制　当滴液罐中充满药液后，制冷液液面上升到位，制冷温度达到所需值时，即可进行滴制。先打开触摸屏"传送带"开关，再扭动"滴头"开关，将滴制速度调整到最佳，开始滴制。滴丸重量差异控制在 ±15% 之间。

滴速过快时，打开"真空"调节旋钮，增加真空度。滴速过慢时，可相应关小"真空"调节旋钮，直至关闭"真空"调节旋钮，慢慢打开"加压"旋钮，直至得到理想滴速和丸形。

滴出的素丸脱油后，筛丸，送检，备用。

上述的操作步骤，系统可进入自动运行。按下"手动"键，使系统变"自动"状态为"手动"状态，至此自动运行过程结束。

（6）清洗　当本次药液滴制完毕，不再滴制，或需要更换另一种药液时，需要对"调料罐"及管路等滴制系统进行清洗。清洗的步骤如下。①关闭系统程序：滴头开关、传送带、制冷系统、冷却油泵。将冷却柱降下，滴罐下部放上接水盘。②加水：从装药口或进水口向"调料罐"内注入适量90℃以上的热水，然后开始"搅拌"。③清洗：点击打开"加料管阀门"使热水注入"滴液罐"内，打开"滴头"开关，废水在压力的作用下流出，关闭"滴头"开关。如此反复数次，直至滴制系统清洗干净，"调料罐"内的水全部流出，更换上已清洗干净的滴头。为确保安全，加水清洗之前，一定要在放空"调料罐"内的压缩空气后，方可打开"调料罐"的装药口，再注水清洗。否则，因"调料罐"内有气压，会出现安全事故。

清洗完毕后，先关闭系统，再关闭总电源，最后关闭空压机，打开调料罐放气阀，放出压缩空气。

（7）内包装。

（8）外包装。

（9）生产工序质量监控点　见表7－4。

表7－4　咽立爽口含滴丸质量监控点

工序	监控点	监控项目	频次
配料	投料	品名、数量、称量复核	每次
滴丸	素丸	平均丸重	1次/15分钟
		丸重差异	3~4次/班
		物理外观	随时/班
		溶出时限	1次/批
内包装		清洁度、装量	随时
外包装	装箱	数量、物理外观、装箱单	每件

10. 工艺卫生要求　车间应严格按GMP要求设计，使布局合理，避免产生污染。车间药品暴露生产区应为洁净区，其洁净级别应为D级，温度为18~26℃，相对湿度为45%~65%。

墙壁屋顶、地面、门窗应选用无脱落物的材料，内表面平整光滑，无裂缝，接口严密，并能耐受清洗和消毒，墙壁和地面的交界处宜成弧形。否则应采取相应的措施。

灯的安装应与天棚的连接部位密封，灯罩要便于清洗。

配料间、滴丸室、包衣间应有捕尘装置，防止对其他工序产生污染。

空气净化采用层流式整体空调净化，恒温恒湿，应定期更换中效滤过器，室内开启臭氧发生器，进行灭菌。

洁净室内设备、工具、容器要定期清洗，用新洁尔灭、75%乙醇对物品和接触药品的机械表面进行定期消毒。

物流程序：物品→半成品（中间体）→成品（单向顺流），无往复运转。

物净程序：物品→物净间（脱包、消毒）→缓冲间→洁净区。

空气净化：控制区D级净化。

人净程序：人→门厅→更鞋→更衣→控制区。

11. 质量标准

（1）原料的质量标准　天然冰片、艾纳香油、薄荷素油、薄荷脑、甘草酸单铵盐。

（2）辅料的质量标准　聚乙二醇6000、液状石蜡。

（3）包装材料的质量标准。

（4）成品的质量标准。

12. 中间品、成品的质量控制　中间品质量标准。

13. 包装、标签、说明书的要求　粘签端正、美观、整洁、不开签、不松签、不皱褶；盒外观四角要见方，上下不得出现明显凹凸不平，折盒插盒不得有飞边，不得有破损；装盒装箱应填塞紧密、不松动；印字产品批号、生产日期、有效期应正确无误、清晰、整洁、不歪斜。

14. 经济技术指标和物料平衡　统计原料、辅料、包装材料、中间品量、成品量。

合格素丸收得率 = 合格素丸/投料量 ×100%

理论收量 = 投料量 = 素丸 + 所有辅料

损耗量 = 投料量 − 素丸总量

损耗率 = 损耗量/投料量 ×100%

素丸总量 = 实际收得合格素丸量 + 不合格素丸量

物料平衡 = （素丸总量 + 可计数损失量）/理论收量 ×100%

分装收率 = 瓶数 × 平均装量/药丸重量 ×100%

包装收率 = 成品盒数 ×10/分装后瓶数 ×100%

一次成品率 = 实际产量/理论产量 ×100%

产品、物料实际产量、实际用量及收集到的损耗之和与理论产量或理论用量之间进行比较，制定可允许的偏差范围。

15. 技术安全和劳动保护

（1）技术安全　为保证安全生产和员工健康，顺利完成生产任务，车间成立安全防火小组，生产班长兼任技术安全员，各级人员按设备安全操作，做到尽职尽责，确保安全生产。

电器设备的安装使用符合法定安全指标，发现问题及时解决并报有关部门。认真清场，保持设备、工器具卫生。发现跑、冒、滴、漏、堵现象，应及时处理并报告有关人员，必要时停机维修，修复后方可使用。

设备转动部位必须有防护罩，发现异常时必须立即停机，经检查、维修正常后方能运转。机器在工作运转过程中，严禁用手和其他工具翻动物件。机器设备、仪表、温湿度计、压力表等不得缺损、失灵。电器设备要严格防潮，不能用湿手、湿工具启动或接触电器设备，也不能用湿抹布做清洁卫生，一般采用气吹法进行清洁。

人流、物流通道分开，原料、辅料、半成品、成品要专人保管，并有标签，标明品名、批号、规格、数量、操作人、生产日期，严禁混批、混药。操作人员应穿戴好工作服、帽、鞋，并戴上口罩。

（2）劳动保护　操作者操作时，穿戴好工作服、鞋、帽、口罩等，并妥善保管，正确使用。

第八章 ▶ 颗粒剂制备工艺与操作

颗粒剂是将原料药物与适宜的辅料混合制成具有一定粒度的干燥颗粒状制剂，一般可分为可溶性颗粒剂、混悬型颗粒剂和泡腾性颗粒剂，若粒径在 $105 \sim 500\mu m$ 范围内，又称为细粒剂。其主要特点是可以直接吞服，也可以冲入水中饮入，应用和携带比较方便，溶出和吸收速度较快。

颗粒剂在生产与贮藏期间应符合下列有关规定。

（1）原料药物与辅料应均匀混合，含药量小或含毒、剧药的颗粒剂，应根据原料药物的性质采用适宜方法使其分散均匀。除另有规定外，中药饮片应按各品种项下规定的方法进行提取、纯化、浓缩成规定的清膏，采用适宜的方法干燥并制成细粉，加适量辅料（不超过干膏量的2倍）或饮片细粉，混匀并制成颗粒；也可将清膏加适量辅料（不超过干膏量的2倍）或饮片细粉，混匀并制成颗粒。

（2）除另有规定外，挥发油应均匀喷入干燥颗粒中，密闭至规定时间或用 β 环糊精包合后加入。

（3）制备颗粒剂时可加入矫味剂和芳香剂；为防潮、掩盖药物的不良气味也可包薄膜衣。必要时，包衣颗粒剂应检查残留溶剂。

（4）颗粒剂应干燥、颗粒均匀、色泽一致，无吸潮、结块、潮解等现象。

（5）除另有规定外，颗粒剂应密封，在干燥处贮存，防止受潮。

颗粒剂应进行以下相应检查。

【粒度】除另有规定外，照粒度测定法测定，不能通过一号筛与能通过五号筛的总和，不得过 15%。

【水分】照水分测定法测定，除另有规定外，不得过 8.0%。

【溶化性】取供试品 10g，加热水 200ml，搅拌 5 分钟，可溶颗粒应全部溶化或轻微浑浊。

泡腾颗粒取供试品 3 袋，分别置盛有 200ml 水的烧杯中，水温为 $15 \sim 25$℃，应迅速产生气体而呈泡腾状，5 分钟内颗粒应完全分散或溶解在水中。

颗粒剂按上述方法检查，均不得有异物，中药颗粒还不得有焦屑等。

混悬颗粒以及已规定检查溶出度或释放度的颗粒可不进行溶化性检查。

【装量差异】单剂量包装的颗粒剂，照下述方法检查应符合规定。

检查法 取供试品 10 袋，分别称定每袋内容物的重量，每袋装量与标示装量相比较，按表 8 − 1 中的规定，超出装量差异限度的不得多于 2 袋，并不得有 1 袋超出限度 1 倍。

表 8 − 1　颗粒剂装量差异限度

标示装量	装量差异限度
1.0g 及 1.0g 以下	±10%
1.0g 以上至 1.5g	±8%
1.5g 以上至 6.0g	±7%
6.0g 以上	±5%

【装量】多剂量包装的颗粒剂，照最低装量检查法检查，应符合规定。

【微生物限度】照微生物限度检查法检查，应符合规定。

第一节 颗粒剂的制备与操作

一、制粒岗位检查

检查内容如下。设备是否按工艺要求做好清洁卫生，是否挂有规定的状态标志，设备是否正常运行；是否按消毒程序对设备及所需工具进行消毒；是否根据产品的工艺要求选用适当的筛布，并检查装机的筛布是否平整、松紧适宜，是否损坏；制完颗粒后，是否清洗颗粒机和筛布上的余料，并检查余料中有无异物；是否按摇摆式颗粒机操作程序进行操作；是否按清洁卫生搞好清洁卫生；是否及时认真填写好制粒原始记录。

二、沸腾制粒岗位操作

按沸腾制粒机标准操作规程进行操作。将清膏或10%淀粉浆放入贮液罐，药粉倒入料斗中，接通压缩气源（0.5~0.6MPa），将料斗车推入箱体，待料斗车就位正确后，推入充气开关，使料斗上下处于密封状态，启动引风，设定进风温度65~95℃，出风温度40~60℃，对物料进行预混（约10分钟）然后开启蒸汽阀门预热。

出风温度通过自动控制系统慢慢上升到设定温度时，保持进风温度，开始喷清膏或淀粉浆，在设定温度左右（±2℃）进行制粒。浸膏喷完后，关闭蒸汽，经检验合格后，颗粒自然冷却，装入不锈钢桶内。

干燥过程中注意观察进风温度是否正常。干燥时发现有物料严重结块、变色的现象时应及时报告，查找原因。

将合格的物料移入中间库，用吸尘器将积粉吸清，清除吸尘器中收集的粉尘，扫除场地内的一切污粉、废弃物及废弃标签，装入弃物桶，送出生产区。设备、容器、用具清洁及生产区环境、清洁工具的清洁按照相关规定进行。

三、沸腾干燥岗位操作

接通电源和压缩气源（0.5~0.6MPa），按照沸腾干燥机标准操作规程操作。根据需要设定进风温度。

将制好的湿颗粒投入料斗，将料斗车推入箱体；待料斗车就位正确后，方可推入充气开关，上下气囊进入0.1~0.15MPa压缩空气，使料斗上下处于密封状态。

开启加热气进出手动截止阀；按引风机启动键，待风机启动结束后，干燥开始。进风温度通过自动控制系统慢慢上升到设定温度，保持进风温度，在设定温度左右（±2℃）进行颗粒干燥；干燥结束，拉出冷风门开关，用洁净的冷空气冷却颗粒数分钟。

按风机停止键，使风机停止，推拉捕集袋升降气缸数次，使袋上的积料抖下。拉出充气开关，待气囊放气后拉出料斗，取样检测水分符合要求可以收粒，不符合要求则要继续以上操作。水分符合要求后，将颗粒称重，挂上标签，转入中间库。计算产量和收率，检查批生产记录上各项目都已填写齐全，各项数据都在限度之内，签字。任何偏差记入相应栏内，并作出解释，复核后，由班长签字。

当干燥机运行时出现异常噪声或振动时必须立即停机，排除故障后方可使用。干颗粒发现有异物或黑点时，必须查找原因后，方可继续投料。

清理场地内的污物、杂物及上次所用标签，装入弃物桶，送出生产区。设备、容器、用具清洁及生产区环境、清洁工具的清洁按照相关规定进行。

四、高速混合制粒岗位操作

按 GHL250 型高速混合制粒机标准操作规程要求进行操作，接通电源，开启压缩机（气源 $p = 0.4$MPa）。将原辅料投入混合制粒机容器中；关闭容器，按工艺要求设定搅拌混合时间。先启动混合电机，后启动粉碎电机进行原辅料的干混。关闭混合电机及粉碎电机，待机器完全停止后打开容器盖；按工艺要求设定混合制粒时间。加入规定量的黏合剂，按规定的绞碎速度开机混合制粒。或者按工艺要求边加黏合剂边混合制粒。待达到工艺要求的时间时，开启卸料阀放出颗粒，用接斗车接颗粒。

卸料完毕后，将容器内剩余的物料清理干净，将剩余辅料退回仓库，湿颗粒转入下一工序。检查批生产记录上各项目都已填写齐全，各项数据都在限度之内，签字。任何偏差记入相应栏内，并作出解释，复核后，由班长签字。

关闭电源必须待机器完全停止后方可打开容器盖，进行投料、取料、清洁等。每次投料，只能按容器容积的 1/3 ~ 2/3 加入原辅料。当制粒机负荷运行，出现异常噪声或振动时，必须立即停机，排除故障后，方可使用。湿颗粒如发现黑点、粒度等不符合工艺要求，必须查明原因，方可继续投料。

清理场地内的污粉、杂物及上次所用标签，装入弃物桶，送出生产区。设备、容器、用具的清洁及生产区环境、清洁工具的清洁按照相关规定进行。

五、整粒总混岗位操作

1. 整粒操作　根据操作要求，装上规定筛目的筛子，并检查筛网是否完好。按整粒机标准操作规程试运行设备，正常后开始生产。将颗粒以合适的速度均匀地加入整粒机，并随时注意筛网是否有破损。整后的颗粒进行自检，符合要求后装入洁净的不锈钢桶内，称重，并作好记录。不能通过筛网的颗粒，存放在尾料容器内，称重并记录重量。

整粒后，颗粒粒度与工艺要求不符时，应立即停机检查，检查结果须车间主任批准后，方可继续生产。

2. 混合操作　整后的颗粒进行重量复核后，把颗粒加入到混合机中，若需兑加细料或滑料，按照要求一并加入。按照规定转速、规定时间进行混合。混合后的颗粒装入洁净容器，贴上标签，入中间库，或直接转下工序。

计算产量和收率，检查批生产记录上各项目都已填写齐全，各项数据都在限度之内，签字。任何偏差记入相应栏内，并作出解释，复核后，由班长签字。

清理场地内的污粉、杂物及上次所用标签，装入弃物桶，送出生产区。设备、容器、用具的清洁及生产区环境、清洁工具的清洁按照相关规定进行。

六、DXDK40Ⅱ型自动颗粒包装机的操作和清洁消毒

（一）DXDK40Ⅱ型自动颗粒包装机的操作

1. 开机前的准备 检查机器零部件是否齐全完好，螺栓等紧固件是否紧固，电气控制部分是否灵敏可靠，减速箱油量是否在视镜 1/2 ~ 2/3。在以下各部位注油：经常需注油的部位，横封辊的四个支撑部分；每日加油一次的部位，纵封辊的支撑部分可从纵封辊轴端两油盅注油，转盘离合器及滑动部位、铜及铜合金的转动部位及具有相对运动的各部分可直接注油。

按被包装物容积选择合适的量杯，装入下料盘，按包装袋的宽度选装合适的成形器（导槽）。手动盘车，检查机器各部件无别劲、阻碍。

2. 开机运行 接通电源开关，电源指示灯亮，将纵封与横封辊加热器通电。调整纵封、横封温度控制器旋钮，温度的调整按所使用的包装材料而定，一般在 100 ~ 118℃。另外，纵封和横封的温度也不相同，使用时可根据情况随时调整。把薄膜按图8 – 1所示装入。

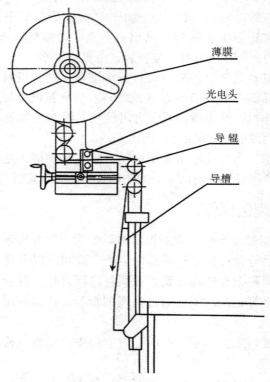

图 8 – 1　薄膜安装示意图

选择间隔齿轮之前，首先测量袋的实际长度，即包装材料上光电指示的长度，再选择其中一个齿轮，齿轮齿数应与袋长毫米数值相同或相近。调好横封偏心链轮的刻度，首先将偏心链轮左边的锁母松开，使偏心链轮标牌上的数值（即改变后的袋长）

对准轴上的刻线,然后将锁母锁紧。把薄膜沿导槽送至纵封辊附近,并将薄膜两端对齐,如不齐薄膜在纵封时,会出现卷曲。检查转盘离合器是否脱开,然后,接通电机开关,则电机开关指示灯亮。

将薄膜喂进纵封辊,进行一段空程前进,看其是否粘接完善,若温度过低,受拉伸易剥开,若温度过高,热封表面呈白色,不美观。将实际封合长度再测一次,检验间隔齿轮和锥辊皮带位置调整是否合适。

手动盘车,送薄膜入横封辊,使薄膜的光电指示位置正好在横封热合中间,使主轴上的左右凸轮旋至上、下微动开关均为开路,且光电管正好对准薄膜上的光电指示位置。

接通光电面板上的电源开关,置延时方式开关为"单稳"状态,置亮暗动选择开关为"暗动"状态,调节"灵敏度"和"时间"的旋钮。"灵敏度"随包装材料上色标与背景的反差大小来调节,色标淡时应将旋钮顺时针转动,色标浓时旋钮反时针转动,直至光电头工作状态指示灯在色标处闪亮即可。

把被包装物料装入料斗,接通转盘离合器,调整供料时间,使横封封合完毕时被包装物才填入袋中,若未调好,容易造成热封部位夹入被包装颗粒。

以上各项调整完毕,方可开机进行包装,先开主电机,再合上裁刀离合器,最后合上转盘离合器。

3. 停机 切断转盘离合器,切断裁刀离合器,切断电机开关,切断总电源开关。

4. 注意事项 注意机器纵封辊、横封辊加热温度,如经常过高,易造成故障。在运转过程中,应注意机器声音是否协调,发现异常及时停机,待检明原因,检修好后,方可开机。薄膜通过光电头时,使光电头左右稍微移动,对准薄膜上的控制点,否则光电头不起作用,热封部位不准。

要经常用铜刷清扫纵封辊、横封辊的表面,若加热辊表面粘着聚乙烯以及尘土等,则可引起热封不良,并因此而引起纵封辊拉力减弱,使包装失调。

在进行检查、清扫、修理时应切断电源开关。运转过程中,严禁用手或其他工具伸入横封辊和裁刀之间。

(二) DXDK40 II 型自动颗粒包装机的清洁消毒

1. 清洁程序 清洁程序见表 8-1。

表 8-1 DXDK40 II 型自动颗粒包装机清洁程序

项目	清洁操作要求
清洁的频次	每批使用后及出现异常情况时
清洁的地点	就地清洁、清洁间
清洁工具	不脱落纤维的抹布、刷子
清洁用水	饮用水、纯化水
清洁方法	1. 将料斗、量杯、成形器等易拆部件拆下,并移置清洁间,依次用饮用水、纯化水冲洗干净 2. 用毛刷将设备外壳、横封辊、纵封辊等处残留物料、灰尘清刷干净,再用干抹布将其擦干净 3. 用饮用水将料盘擦洗干净,然后用干抹布擦干 4. 用饮用水将设备外壳擦洗干净,再用干抹布擦干
清洁工具的清洗	洗洁精洗净后,依次用饮用水、纯化水冲洗干净

续表

项目	清洁操作要求
清洁工具的存放及干燥	存放于容器及工具存放间，晾干或烘干
清洁效果评价	设备内外无污迹、无残存物料
备注	1. 清洁后，换上已清洁标志，注明清洁人、清洁日期、清洁效期及检查人； 2. 清洁后，超过 3 天使用时，须重新清洁

2. 消毒程序 见表 8 - 2。

表 8 - 2　DXDK40 Ⅱ 型自动颗粒包装机消毒程序

项目	清洁操作要求
消毒的频次	每月定期消毒两次及出现异常情况时（一般在清洁后进行）
消毒的地点	就地消毒、清洁间
消毒工具	不脱落纤维的抹布、喷壶
消毒剂及其配制	75% 乙醇、3% 双氧水
消毒剂的使用周期	两种消毒剂交替使用，每月更换一次。
清洁用水	纯化水
消毒方法	1. 将料斗、量杯、成形器等移至清洁间，用消毒剂润湿抹布，将其擦拭一遍； 2. 用消毒剂润湿抹布，将料盘擦拭一遍； 3. 使用 3% 双氧水作为消毒剂时，应在消毒后用纯化水擦拭或冲洗两遍
消毒工具的清洗	用纯化水冲洗干净
消毒工具的存放及干燥	存放于容器及工具存放间，晾干或烘干
消毒效果评价	微生物抽检符合质量部的检验标准
备注	1. 消毒后，如实填写消毒记录； 2. 超过消毒有效期（15 天）后，应重新消毒

第二节　实　训

一、感冒清热颗粒基本情况

1. 处方　荆芥穗 200g，薄荷 60g，防风 100g，柴胡 100g，紫苏叶 60g，葛根 100g，桔梗 60g，苦杏仁 80g，白芷 60g，苦地丁 200g，芦根 160g。

2. 来源　《中国药典》一部。

3. 制法　以上十一味，取荆芥穗、薄荷、紫苏叶提取挥发油，蒸馏后的水溶液用另外的容器收集；药渣与其余防风等八味加水煎煮二次，合并煎液，滤过，滤液与上述水溶液合并。合并液浓缩成相对密度为 1.32 ~ 1.35（50℃）的清膏，取清膏，加蔗糖、糊精及乙醇适量，制成颗粒，干燥，加入上述挥发油，混匀，制成 1600g；或将合并液浓缩成相对密度为 1.32 ~ 1.35（50℃）的清膏，加入辅料适量，混匀，制成无糖颗粒，干燥，加入上述挥发油，混匀，制成 800g；或将合并液减压浓缩至相对密度为 1.08 ~ 1.10（55℃）的药液，喷雾干燥，制成干膏粉，取干膏粉，加乳糖适量，混合，加入上述挥发油，混匀，制成颗粒400g，即得。

4. 性状　本品为棕黄色的颗粒，味甜、微苦；或为棕褐色的颗粒，味微苦（无蔗糖或含乳糖）。

5. 功能与主治　疏风散寒，解表清热。用于风寒感冒，头痛发热，恶寒身痛，鼻流清涕，咳嗽咽干。

6. 用法与用量　开水冲服。一次1袋，一日2次。

7. 贮藏　密封。

8. 注意　忌烟、酒及辛辣、生冷、油腻食物。风热感冒者不适用，其表现为发热重，微恶风，有汗，口渴，鼻流浊涕，咽喉红肿热痛，咳吐黄痰。

9. 鉴别

（1）取本品4袋，置挥发油提取器中，连接挥发油提取器，加水200ml，在挥发油提取器支管中加乙酸乙酯1ml，加热回流2小时，收集乙酸乙酯液，作为供试品溶液，另取荆芥穗对照药材1g，同法制成对照药材溶液。再取胡薄荷酮对照品，加乙酸乙酯制成每1ml含0.5mg的溶液，作为对照品溶液。照薄层色谱法试验，吸取供试品溶液和对照药材溶液各10μl、对照品溶液5μl，分别点于同一硅胶G薄层板上，以正己烷－乙酸乙酯（17∶3）为展开剂，展开，取出，晾干，喷以茴香醛硫酸乙醇溶液［茴香醛－硫酸－无水乙醇（1∶1∶18）］，热风吹至斑点显色清晰。供试品色谱中，在与对照药材色谱和对照品色谱相应的位置上，显相同颜色的斑点。

（2）取本品半袋，研细，加水30ml使溶解，用乙醚振摇提取2次，每次15ml，弃去乙醚液，水液用水饱和的正丁醇振摇提取2次，每次20ml，合并正丁醇液，加氨试液40ml，振摇，分取正丁醇液，蒸干，残渣加甲醇1ml使溶解，作为供试品溶液。另取荆芥穗对照药材1g，加水40ml，煎煮1小时，放冷，滤过，滤液用水饱和的正丁醇振摇提取3次（20ml，15ml，15ml），合并正丁醇液，蒸干，残渣加甲醇1ml使溶解，作为对照药材溶液。照薄层色谱法试验，吸取上述两种溶液各5μl，分别点于同一硅胶G薄层板上，以三氯甲烷－乙酸乙酯－甲醇－浓氨试液（8∶2∶4∶1）为展开剂，展开，取出，晾干，喷以2%香草醛硫酸溶液，在105℃加热至斑点显色清晰。供试品色谱中，在与对照药材色谱相应的位置上，显相同颜色的斑点。

（3）取白芷对照药材、防风对照药材各1g，分别加水40ml，煎煮1小时，放冷，滤过，滤液用乙酸乙酯振摇提取3次（20ml，15ml，15ml），合并乙酸乙酸液，蒸干，残渣加甲醇1ml使溶解，作为对照药材溶液。照薄层色谱法试验，吸取〔鉴别〕（2）项下的供试品溶液及上述对照药材溶液各5μl，分别点于同一硅胶G薄层板上，以二氯甲烷－甲醇（10∶1）为展开剂，展开，取出，晾干，在紫外光（254nm）下检视。供试品色谱中，在与对照药材色谱相应的位置上，显相同颜色的荧光斑点。

（4）取柴胡对照药材0.5g，加水50ml，煎煮1小时，放冷，滤过，滤液用水饱和的正丁醇振摇提取2次，每次20ml，合并正丁醇液，蒸干，残渣加甲醇1ml使溶解，作为对照药材溶液。照薄层色谱法试验，吸取〔鉴别〕（2）项下的供试品溶液8μl与上述对照药材溶液4μl，分别点于同一硅胶G薄层板上，以三氯甲烷－甲

醇 – 水（13:7:2）10℃以下放置的下层溶液为展开剂，展开，取出，晾干，喷以1%对二甲氨基苯甲醛的10%硫酸乙醇溶液，在105℃加热至斑点显色清晰，分别置日光及紫外光（365nm）下检视。供试品色谱中，在与对照药材色谱相应的位置上，日光下显相同颜色的主斑点；紫外光下显相同的黄色荧光斑点。

（5）取葛根素对照品，加甲醇制成每1ml含1mg的溶液，作为对照品溶液。照薄层色谱法试验，吸取〔鉴别〕（2）项下的供试品溶液及上述对照品溶液各5μl，分别点于同一硅胶G薄层板上，以三氯甲烷 – 甲醇 – 水（28:10:1）为展开剂，展开，取出，晾干，置氨蒸气中熏数分钟，在紫外光（365nm）下检视。供试品色谱中，在与对照品色谱相应的位置上，显相同颜色的荧光斑点。

（6）取本品半袋，研细，加7%硫酸乙醇溶液 – 水（1:3）混合液20ml，加热回流3小时，放冷，用三氯甲烷振摇提取2次，每次20ml，合并三氯甲烷液，加水30ml洗涤，弃去洗液，三氯甲烷液用无水硫酸钠脱水，滤过，滤液蒸干，残渣加甲醇0.5ml使溶解，作为供试品溶液。另取桔梗对照药材1g，同法制成对照药材溶液。照薄层色谱法试验，吸取上述两种溶液各5～10μl，分别点于同一硅胶G薄层板上，以三氯甲烷 – 乙醚（1:1）为展开剂，展开，取出，晾干，喷以10%硫酸乙醇溶液，在105℃加热至斑点显色清晰。供试品色谱中，在与对照药材色谱相应的位置上，显相同颜色的斑点。

（7）取本品1袋，研细，加水50ml使溶解，加浓氨试液调节pH至12，用三氯甲烷振摇提取2次，每次25ml，分取三氯甲烷层，蒸干，残渣加三氯甲烷1ml使溶解，作为供试品溶液。另取苦地丁对照药材1g，加水50ml，超声处理10分钟，滤过，滤液加浓氨试液调节pH值至12，同法制成对照药材溶液。照薄层色谱法试验，吸取上述两种溶液各10μl，分别点于同一含0.4%氢氧化钠的羧甲基纤维素钠溶液为黏合剂的硅胶G薄层板上，以甲苯 – 乙醚 – 二氯甲烷（10:5:14）为展开剂，展开，取出，晾干，喷以改良碘化铋钾试液。供试品色谱中，在与对照药材色谱相应的位置上，显相同颜色的斑点。

10. 检查

（1）水分　含乳糖颗粒不得过7.0%。

（2）其他　应符合颗粒剂项下有关的各项规定。

11. 含量测定　照高效液相色谱法测定。

色谱条件与系统适用性试验　以十八烷基硅烷键合硅胶为填充剂；以乙腈 – 水（11:89）为流动相；检测波长为250nm。理论板数按葛根素峰计算应不低于4500。

对照品溶液的制备　取葛根素对照品适量，精密称定，加30%乙醇制成每1ml含16μg的溶液，即得。

供试品溶液的制备　取装量差异项下的本品内容物，研细，取约0.8g，或取约0.4g（无蔗糖），或取约0.2g（含乳糖），精密称定，置具塞锥形瓶中，精密加入30%乙醇50ml，密塞，称定重量，超声处理（功率250W，频率33kHz）20分钟，放冷，再称定重量，用30%乙醇补足减失的重量，摇匀，滤过，取续滤液，即得。

测定法　分别精密吸取对照品溶液与供试品溶液各 10μl，注入液相色谱法，测定，即得。

本品每袋含葛根以葛根素（$C_{21}H_{20}O_9$）计，不得少于 10.0mg。

12. 规格　每袋装（1）12g（含蔗糖）；（2）6g（无蔗糖）；（3）3g（含乳糖）。

二、制备工艺解析

1. 工艺设计思路

（1）主要药物研究概述（主要药物来源、药物成分、药理作用等）　荆芥穗为唇形科植物荆芥（*Schizonepeta tenuisfolia* Briq.）的干燥花穗，从中分离鉴定了 10 个化合物，其中田蓟苷和橙皮素－7－O－葡萄糖苷为首次从荆芥穗中分得，且木犀草素、橙皮苷、熊果酸、β－2 谷甾醇、桂皮酸有抗炎抑菌抗病毒活性；芹菜素有解痉，抗胃溃疡作用。性微温、味辛，归肺、肝经，有解表散风的功效，用于感冒、头痛、麻疹、疮疡初起等症状。

薄荷为唇形科植物薄荷（*Mentha canadensis* L.）的干燥地上部分，主要成分为挥发油，油中主成分为薄荷醇（menthol），含量约 77%~78%，其次为薄荷酮（menthone），含量为 8%~12%，还含乙酸薄荷脂（menthyl acetate）、莰烯（camphene）、柠檬烯（limonene）、异薄荷酮（Isomenthone）、蒎烯（pinene）、薄荷烯酮（menthenone）、树脂及少量鞣质、迷迭香酸（rosmarinicacid）。性凉、味辛，归肺、肝经，有宣散风热、清头目，透疹的功效，用于流行性感冒、头疼、目赤、身热、咽喉、牙床肿痛、神经痛、皮肤瘙痒、皮疹和湿疹等。

防风为伞形科植物防风（*Saposhnikovia divaricata*（Turcz.）Schischk.）的干燥根，含挥发油、甘露醇、苦味苷等。根含 3′－O－当归酰亥茅酚、5－O－甲基齿阿密醇、β－谷甾醇、甘露醇以及木蜡酸为主的长链脂肪。尚含挥发油、前胡素和色原酮苷。性温、味辛甘，归膀胱、肝、脾经，有解表祛风，胜湿止痉的功效，用于感冒头痛，风湿痹痛，风疹瘙痒，破伤风。

柴胡为伞形科植物柴胡（*Rootof Chnese* Thorowax.）的干燥根，主要含柴胡皂苷（saikosapoins a、b、c、d 四种），甾醇，挥发油（柴胡醇、丁香酚）等。性微寒、味苦，归肝、胆经，有和解表里，疏肝、升阳的功效，用于寒热往来、感冒发热等症。

紫苏叶为唇形科植物紫苏（*Folium Perillae*）的干燥叶（或带嫩叶），含挥发油，油中主要为紫苏醛（*l*－perillaldehyde）、紫苏醇（*i*－perilla－alcohol）、柠檬烯、芳樟醇、薄荷脑、丁香烯，并含香薷酮（elshottziaketone）、紫苏酮、丁香酚等。性温、味辛，归肺、脾经，有解表散寒，行气和胃的功效，用于风寒感冒、咳嗽呕恶、妊娠呕吐、鱼蟹中毒。

葛根为豆科植物野葛（*Pueraria lobata*（Willd.）Ohwi）或甘葛藤（*Pueraria thomsonii* Benth.）的干燥根，含多种黄酮类成分，主要活性成分为大豆素（daidzein）、大豆苷（daidzin）、葛根素（puerarin）、葛根素－7－木糖苷（puerarin－7－xyloside）等。性凉、味甘、辛，归脾、胃经，有解肌退热，生津、透疹、升阳止泻的功效，用于外感发热头痛、高血压颈项强痛、口渴、消渴、麻疹不透、热痢、泄泻。

桔梗为桔梗科植物桔梗（*Platycodon grandiforus*）的干燥根，其根含皂苷，已知成分有远志酸，桔梗皂式元，葡萄糖、菠菜甾醇、α－菠菜甾醇十－D－葡萄糖苷、白桦脂醇、菊粉及桔梗酸A，B，C和人体所必需的8种氨基酸。味苦、辛，性平，归肺经，有宣肺、和咽、祛痰和排脓等功效，用于咳嗽痰多、咽喉肿痛、肺痈吐脓、胸满胁痛、痢疾腹痛、小便癃闭。

苦杏仁为蔷薇科植物山杏（*Prunus armeniaca* L. var. ansu Maxim.）、西伯利亚杏（*Prunus sibirica* L.）、东北杏 *Prunus mandshurica*（Maxim.）Koehne）或杏（*Prunus armeniaca* L.）的干燥成熟种子，含苦杏仁苷（amygdalin）、脂肪油、苦杏仁酶（emulsin）、苦杏仁苷酶（amygdalase）、樱叶酶（prunase）、雌酮、α－雌二醇、链甾醇等。性微温、味苦，有小毒，归肺、大肠经，有降气止咳平喘的功效，用于降气止咳平喘，润肠通便。用于咳嗽气喘，胸满痰多，血虚津枯，肠燥便秘等。

白芷为伞形科植物的白芷（*A. dahurica*（Fisch.）Benth. et Hook）的干燥根，含异欧前胡素（isoimperatorin）、欧前胡素（imperatorin）、佛手柑内酯（bergapten）、珊瑚菜素（phellopterin）、氧化前胡素（oxypeucedanin）等。味辛、性温，归胃、大肠、肺经，具有散风除湿、通窍、止痛、消肿排脓功效，用于头痛、牙痛、鼻渊、肠风痔漏、赤白带下、痈疽疮疡、皮肤瘙痒。

苦地丁为罂粟科植物紫堇（Papaveraceae）的全草，全草含多种生物碱：消旋的和右旋的紫堇醇灵碱（corynoline）、乙酰紫堇醇灵碱。性寒，味苦、辛，入心、脾二经，用于流行性感冒，上呼吸道感染，扁桃体炎，传染性肝炎，肠炎，痢疾，肾炎，腮腺炎，结膜炎，急性阑尾炎，疔疮痈肿。

芦根为禾本科植物芦苇（*Phragmites communis* Trin.）的新鲜或干燥根茎，含多量的维生素 B_1、B_2、C 以及蛋白质（5%），脂肪（1%），碳水化合物（51%），天冬酰胺（0.1%），又含氨基酸脂肪酸、甾醇、生育酚、多元酚如咖啡酸和龙胆酸。还含2，5－二甲氧基－对－苯醌、对－羟基苯甲醛、丁香醛、松柏醛、香草酸、阿魏酸、对－香豆酸及二氧杂环己烷木质。性寒、味甘，归肺、胃经，有清热生津、除烦、止呕、利尿的功效，用于热病烦渴、胃热呕吐、肺热咳嗽、肺痈吐脓、热淋涩痛。

（2）药物提取　取荆芥穗、薄荷、紫苏叶提取挥发油，蒸馏后的水溶液另器收集；药渣与其余防风等八味加水煎煮二次，合并煎液，滤过，滤液与上述水溶液合并。合并液浓缩成相对密度为 1.32～1.35（50℃）的清膏。

（3）剂型制备　取清膏，加蔗糖、糊精及乙醇适量，制成颗粒，干燥，加入上述挥发油，混匀，制成1600g；或将合并液浓缩成相对密度为 1.32～1.35（50℃）的浸膏，加入辅料适量，混匀，制成无糖颗粒，干燥，加入上述挥发油，混匀，制成800g；或将合并液减压浓缩至相对密度为 1.08～1.10（55℃）的药液，喷雾干燥，制成干膏粉，取干膏粉，加乳糖适量，混合，加入上述挥发油，混匀，制成颗粒400g，即得。

（4）质量控制　采用 TLC 法对方中柴胡、葛根、防风、苦地丁进行定性鉴别；采用 HPLC 法对颗粒中的葛根素进行含量测定，色谱条件：以十八烷基硅烷键合硅胶为填充剂；以乙腈 – 水（11∶89）为流动相；柱温为 30℃，流速 1.0ml/min。检测波长 250nm。

2. 工艺关键技术　制备感冒清热颗粒的关键技术点包括挥发油的提取和混合制粒。

（1）紫苏叶、薄荷、荆芥穗均含挥发油，且为其有效成分，如与其他药物一同煎煮则损失极大，必须采用双提法。将挥发油用 β – 环糊精包合后再混合制粒，可有效地减少挥发油的损失。

（2）本制剂在制颗粒时，清膏与蔗糖、糊精混合后，如果软材的黏性较大，达不到手握成团轻压即散的要求，会发生粘网，影响制粒，可以加入一定浓度的乙醇降低其黏度。蔗糖与糊精的比例定为 3∶1，若蔗糖过多则甜度过大，若糊精过多则黏度过大，辅料与药物的比例，现在一般以出药的总量作为标准控制加入辅料的量，更适合车间批量生产。

3. 工艺点评　紫苏叶、荆芥穗、薄荷挥发油加入混合的方法，可以先将挥发油用环糊精包合后制成颗粒再与其他药物混合，但此法可能会影响颗粒最后的成色。也可以用乙醇溶解后直接与其他药物混合或采用喷雾法将其与其他药物混合。环糊精的包合方法有饱和水溶液法、研磨法、喷雾干燥法、冷冻干燥法等，可根据环糊精和药物的性质，结合实际生产条件加以选用。本实验可采用饱和水溶液法。

药物的提取常用水提法和醇提法，浓缩可以用常压浓缩和减压浓缩。长时间的常压浓缩，费时，耗能多，且药物有效成分易破坏、碳化，减压浓缩则可以在相对较低的温度下进行，省时节能，对热不稳定的药物比较适合。可结合药物的性质和提取要求进行适当的选择。

制粒有湿法制粒和干法制粒，本实验采用湿法制粒。主要的制粒设备有摇摆式颗粒机、快速混合制粒机（高效、快速、优质混合和制粒一步完成，工作速度极快，制成的颗粒质量好）、一步制粒机（集混合、制粒、干燥多功能于一体；自动化程度高，能快速成粒，快速干燥）、流化床喷雾制粒机（将混合、制粒和干燥三道工序集成在一个装置中完成，具有工艺流程简单、设备紧凑、能耗低、环保性能好，适合于热敏物料和颗粒易溶物料）。本实验采用摇摆式颗粒机。颗粒干燥设备有沸腾干燥机、热风循环烘箱，本实验采用热风循环烘箱，温度控制在 60～80℃，以防药物高温变性。混合设备有容器固定型的槽形混合机、容器回转型的 V 形混合机，双螺旋锥形混合机等，本实验采用槽形混合机。容器回转型混合机特点是：①当混合具有摩擦性混合物料时，混合效果好；②当混合流动性好、物性相近似的混合物料时，可以得到较好的混合效果；③对易产生凝结和附着的物料混合时，需在混合设备内安装强制搅拌叶片或扩散板等装置。容器固定型混合机特点是：①对凝结性、附着性强的混合物料有良好的适应性；②当混合物料之间差异大时，对混合状态影响小；③能进行添加液体的混合和潮湿易结团物料的混合；④装载系数大、能耗相对小。

4. 感冒清热颗粒的相关研究动态　采用 TLC 法对处方中柴胡、葛根、防风、苦地丁进行定性鉴别；采用 HPLC 法对颗粒中的葛根素进行含量测定，色谱条件：以十八烷基硅烷键合硅胶为填充剂，以乙腈 – 水（11∶89）为流动相，柱温 30℃，流速 1.0ml/min，检测波长 250nm。结果：本品薄层色谱特征明显，葛根素平均回收率为 100.1%；RSD 为

0.9%（$n=6$）。该方法简单准确，可控制感冒清热颗粒的质量。

结论：该方法简便、准确，可控制感冒清热颗粒的质量。

三、感冒清热颗粒生产工艺

1. 主题内容　本工艺规定了感冒清热颗粒生产全过程的工艺技术、质量、物耗、安全、工艺卫生、环境保护等内容。本工艺具有技术法规作用。

2. 适用范围　本工艺适用于感冒清热颗粒生产全过程。

3. 引用标准　《中国药典》、《药品生产质量管理规范（2010 年修订）》。

4. 职责

编写：生产部、质量部技术人员。

汇审：生产部、质量部及其他相关部门负责人。

审核：生产部经理、质量部经理。

批准：总经理。

执行：各级生产质量管理人员及操作人员。

监督管理：QA、生产质量管理人员。

5. 产品概述

（1）产品名称　感冒清热颗粒（Ganmao Qingre Keli）。

（2）产品特点

性状：本品为棕黄色的颗粒，味甜、微苦。

规格：每袋装 12g。

功能与主治：疏风散寒，解表清热。用于风寒感冒，头痛发热，恶寒身痛，鼻流清涕，咳嗽咽干。

用法与用量：开水冲服。一次 1 袋，一日 2 次。

贮藏：密封。

有效期：3 年。

新药类别：本品为国家中药仿制品种。

（3）处方来源　本处方出自《中国药典》一部。

处方：荆芥穗 200g，薄荷 60g，防风 100g，柴胡 100g，紫苏叶 60g，葛根 100g，桔梗 60g，苦杏仁 80g，白芷 60g，苦地丁 200g，芦根 160g。

处方依据：《中国药典》一部。

批准文号：……。

生产处方：为处方量×倍。

6. 工艺流程图　见图 8-2。

提取挥发油药材：荆芥穗、薄荷、紫苏叶。

煎煮药材：防风、柴胡、葛根、桔梗、苦杏仁、白芷、苦地丁、芦根。

7. 中药材的前处理

（1）炮制依据　《中药材炮制通则》、《全国中药炮制规范（1988 年版）》。

（2）炮制方法和操作过程

荆芥穗：去净杂质，抢水洗净。

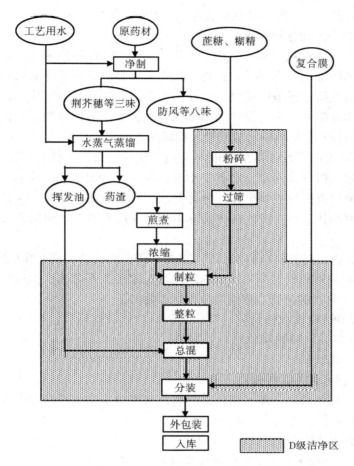

图 8 - 2　感冒清热颗粒工艺流程

薄荷：除去老茎及杂质，略喷清水，稍润，切短段，及时低温干燥。

防风：除去残茎，用水浸泡，捞出，润透切厚片，低温干燥。

柴胡：除去杂质及残茎，洗净，润透，切厚片，干燥。

紫苏叶：除去杂质及老梗；或喷淋清水、切碎，干燥。

葛根：除去杂质，洗净，润透，切厚片，干燥。

桔梗：除去杂质，洗净，润透，切厚片，干燥。

苦杏仁：除去杂质，洗净，干燥。

白芷：除去杂质，分开大小个，略浸，润透，切厚片，干燥。

苦地丁：除去杂质，洗净，切段，干燥。

芦根：除去杂质，洗净，切段或切后干燥。

8. 中药材的前加工和质量控制点

（1）配料　依据生产指令、配核料单，按生产处方量逐味称取中药材备料。

（2）粉碎　将蔗糖用万能磨粉机粉碎成细粉。

（3）过筛　将蔗糖粉用筛粉机过 100 目筛。

（4）定额包装　蔗糖粉过 100 目筛后用塑料袋装好封口，再用编织袋装好封口，标明状态标识，定额包装，零头单独包装存放，检验合格后入库。

9. 提取操作过程和质量控制点

（1）提取挥发油　取荆芥穗、薄荷、紫苏叶，置多功能提取罐内，加 5 倍量饮用水，打开冷凝器的冷却水，夹层给汽，打开油水分离器，挥发油分离阀门，将接油器接好，当蒸馏水溶液超过视镜中线时，打开油水分离器通往提取罐中的阀门，使油下部水溶液返回到提取罐中，一直提到无挥发油为止，关闭返回提取罐中的阀门，关闭挥发油分离阀，将油水分离器中水溶液放入到桶内备用。

（2）煎煮　取提取挥发油后的药渣与防风、柴胡、葛根、桔梗、苦杏仁、白芷、苦地丁、芦根，加 8 倍量饮用水，煎煮 1 小时，滤过，再加 6 倍量饮用水，煎煮 2 小时，滤过。第一煎滤液体积应≥6.5 倍药材重量，第二煎滤液体积应≥6 倍量药材重量。煎煮工序控制参数如下：蒸汽压力为 0.1～0.3MPa；煎煮时间以药液沸腾时开始计时。

多功能提取罐内中药渣控净药液后，打开罐底阀放出药渣，用手推车运到药渣场。

（3）浓缩　提取液和收集挥发油后的水溶液于单效浓缩器内，减压浓缩至相对密度 1.32～1.35（50℃）的清膏。浓缩岗位控制参数如下。

蒸汽压力：0.05～0.15MPa。

真空度：-0.06～-0.08MPa。

冷却水温度：≤35℃。

10. 制剂操作过程和质量控制点

（1）制颗粒　取制粉的蔗糖和糊精混合粉，与提取工序的浸膏在一步制粒机内制成颗粒。蔗糖粉和糊精的比例为 3∶1。

干浸膏量 = 总清膏量 ×（100% - 含水量%）

加糖粉量 =（1.6kg × 处方倍数 - 干浸膏量）× 3/4

加糊精量 =（1.6kg × 处方倍数 - 干浸膏量）× 1/4

（2）整粒　把颗粒于整粒机上过 10 目筛后，过 60 目筛。能通过 10 目筛不能通过60 目筛的为合格品。

（3）加入挥发油、总混　将整后的颗粒于混合机内，喷入用适量乙醇溶解的挥发油溶中，混合均匀。

（4）分装　用颗粒包装机进行包装。每袋装 12g。在复合膜的一端打印生产批号。

分装速度：X 袋/分钟。

热合温度：150℃。

（5）外包装。

11. 工艺卫生要求　中药材净制、提取、浓缩、外包装工序工艺卫生执行一般生产区工艺卫生规程，环境卫生执行一般生产区环境卫生规程。

粉碎工序工艺卫生执行洁净管理区工艺卫生规程，环境卫生执行洁净管理区环境卫生规程。

制粒、整粒、分装工序工艺卫生执行 D 级洁净区工艺卫生规程，环境卫生执行 D级环境卫生规程。

12. 质量标准

（1）原料的质量标准　防风、柴胡、葛根、桔梗、苦杏仁、白芷、苦地丁、芦根、荆芥穗、薄荷、紫苏叶。

（2）辅料的质量标准　蔗糖、糊精、乙醇。

（3）包装材料的质量标准　复合膜等。

（4）成品的质量标准。

13. 中间品、成品的质量控制

（1）清膏　色泽棕色、均匀，无酸败、异臭、产生气体或其他变质现象，无焦屑等异物，相对密度 1.32～1.35（50℃）。

（2）待包装品

性状：为棕黄色的颗粒，味甜、微苦。

外观：干燥、颗粒均匀、色泽一致，无吸潮、软化、结块、潮解等现象的颗粒。

鉴别：应为柴胡、葛根、防风、苦地丁、荆芥穗、桔梗和白芷的正反应。

粒度：不能通过 1 号筛和能通过 5 号筛的颗粒和粉末总和，不得过 10%。

溶化性：应全部溶解，并不得有焦屑等异物。

水分：应≤3.0%。

微生物限度：细菌数≤400 个/g，霉菌数≤40 个/g，大肠埃希菌、活螨不得检出。

（3）成品

性状：应为棕黄色的颗粒，味甜、微苦。

外观：应干燥、颗粒均匀、色泽一致，无吸潮、软化、结块、潮解等现象的颗粒。

鉴别：应为柴胡、葛根、防风和苦地丁的正反应。

粒度检查：不能通过 1 号筛和能通过 5 号筛的颗粒和粉末总和，不得过 15%。

溶化性：应混悬均匀，并不得有焦屑等异物。

装量差异：应为标示量的 ±5%。

水分：应≤6.0%。

微生物限度：细菌数≤600 个/g，霉菌数≤60 个/g，大肠埃希菌、活螨不得检出。

包装：装盒装箱数量应准确无误。小包装应封口严密、整洁；袋包装应裁切位正；中包装封口完好；大包装封箱牢固。标签粘贴整齐牢固，文字内容完整无误，批号、生产日期、有效期应正确、清晰。

14. 包装、标签、说明书的要求　装量准确：每袋 12g；粘签：端正、美观、整洁、不开签、不松签、不皱褶；盒外观四角要见方，上下不得出现明显凹凸不平，折盒插盒不得有飞边，不得有破损；装盒装箱：填塞紧密、不松动；印字：产品批号、生产日期、有效期应正确无误、印字清晰、整洁、不歪斜。

15. 经济技术指标和物料平衡　统计原料、辅料、包装材料、中间品量、成品量。

净制收率 = 净药材重量/原药材重量 ×100%

蔗糖粉碎收率 = 糖粉重量/蔗糖重量 ×100%，应≥96%

过筛收率 = 过筛后药粉糖粉总重量/粉碎后药粉糖粉总重量 ×100%

制粒收率 = 颗粒重量/颗粒定额 ×100%

整粒收率 = 整后颗粒重量/制得颗粒重量 ×100%

颗粒总混收率＝混合后的颗粒重量/整粒后颗粒重量×100%

分装收率＝分装袋数×平均装量/颗粒重量×1000×100%

整批收率＝成品数/计划产量×100%

产品、物料实际产量、实际用量及收集到的损耗之和与理论产量或理论用量之间进行比较，制定可允许的偏差范围。

16. 技术安全和劳动保护

（1）技术安全 车间内严禁动用明火，并设有消防栓、消火器等消防器材，安放于固定位置，定期检查，以备应用。新职工进厂要进行安全教育，定期培训。所有设备每年进行一次校验，经常检查，以保证正常生产。下班时要仔细检查水、电、气、火源，并作好交班工作，无接班者，要切断电源，关闭水阀，熄灭火种，清理好工作场所，确无危险后方可离开。

安全适用电器设备，各工序的电器设备必须保持干燥、清洁。安全用电措施：企业设有专用变压器、配电室，装置总闸，各车间配有分闸，下班拉闸，切断电源，中途有关电器和线路出现异常时，立即切断电源，及时找电工修理，电器设备和照明装置必须遵守电器安全规程，要符合电器防暴要求。

受压容器、设备要求安装安全阀，压力表每年进行一次试压试验，遇有疑问及时上报检修，不得自行拆卸，严格执行压力容器安全监察规程和有关压力容器安全技术规定。压力表、温度表、水表、真空表、电表等要经常检查，每年校验一次。

提取工序投料时，不得将头探入提取罐投料口，排渣药渣时，严禁站人，以杜绝人身事故的发生。

各机器的传送带、明齿轮和转动轴等转动部分，必须设安全罩。进入操作间，应严格按要求将工作服穿戴整齐，包括头发裹进帽内，戴好口罩。机器运转部分应有防护罩或有注意安全的警示标志；严禁在没有通知同伴的情况下独自开机；禁止在转动设备上放置杂物及工具。

（2）劳动保护 操作者操作时，穿戴好工作服、鞋、帽、口罩等，并妥善保管，正确使用。

第九章 ▶ 胶囊剂制备工艺与操作

胶囊剂系指原料药物与适宜辅料充填于空心胶囊或密封于软质囊材中的固体制剂，可分为硬胶囊、软胶囊（胶丸）、缓释胶囊、控释胶囊和肠溶胶囊等，主要供口服用。

硬胶囊指将药材提取物、药材提取物加药材细粉或药材细粉或与适宜辅料制成的均匀粉末、细小颗粒、小丸、半固体或液体等，填充于空心胶囊中的胶囊剂。本章主要对硬胶囊剂进行实训。

软胶囊指将药材提取物、液体药物或与适宜辅料混匀后用滴制法或压制法密封于软质囊材中的胶囊剂。

肠溶胶囊指不溶于胃液，但能在肠液中崩解或释放的胶囊剂。

胶囊剂在生产与贮藏期间应符合下列有关规定。

（1）药材应按各品种项下规定的方法制成填充物料，其不得引起囊壳变质。

（2）小剂量药物应用适宜的稀释剂稀释，并混合均匀。

（3）胶囊剂应整洁，不得有粘结、变形、渗漏或囊壳破裂现象，并应无异臭。

（4）除另有规定外，胶囊剂应密封贮存。

胶囊剂应进行以下相应检查。

【水分】硬胶囊应做水分检查。

取供试品内容物，照水分测定法测定，除另有规定外，中药硬胶囊水分含量不得过 9.0%。

硬胶囊内容物为液体或半固体者不检查水分。

【装量差异】除另有规定外，取供试品 20 粒，分别精密称定重量，倾出内容物（不得损失囊壳），硬胶囊囊壳用小刷或其他适宜的用具拭净；软胶囊或内容物为半固体或液体的硬胶囊囊壳用乙醚等易挥发性溶剂洗净，置通风处使溶剂挥尽，再分别精密称定囊壳重量，求出每粒内容物的装量。每粒装量与平均装量相比较（有标示装量的胶囊剂，每粒装量与标示装量比较），平均装量或标示量在 0.30g 以下者，装量差异限度为 ±10%；0.30g 及 0.30g 以上者，为 ±7.5%。超出装量差异限度的不得多于 2 粒，并不得有 1 粒超出限度 1 倍。

【崩解时限】除另有规定外，照崩解时限检查法检查，均应符合规定。

凡规定检查溶出度或释放度的胶囊剂，不再进行崩解时限的检查。

【微生物限度】照微生物限度检查法检查，应符合规定。

第一节　胶囊剂的制备与操作

一、胶囊充填岗位操作

1. 装空胶囊　将空胶囊加入胶囊料斗中，使空胶囊充满下料斗，试运行，检查胶囊的开启和闭合动作是否良好。

2. 装颗粒 将颗粒加到料斗中，设定机器转速，开动机器转动 1～2 圈，按批生产指令的要求，调整胶囊的重量，取约 50 粒样品，每 20 粒称重一次，装量均符合规定后，方可开机。调整充填速度至批生产记录上指定的范围，再检查胶囊重量，并作好记录。

胶囊重量正常后，按规定速度充填胶囊。定期检查机器的运转情况。合格胶囊装入洁净容器，完工后入中间库。

根据胶囊充填岗位重量检查标准操作规程每 15～30 分钟检查粒重一次。装量差异应符合要求。如果发生偏差，及时调整使其符合要求。

填充过程中，若出现充填装量差异不合格或崩解时限不合格时必须立即停机检查，检查结果经质管员和车间主任批准后方可继续生产。不合格的中间成品按不合格品处理。

本批生产完成后，计算产量并记录结果，检查批记录上各项目都已填写齐全，结果都在限度之内，签字。任何偏差记入相应栏内，并作说明，复核后，由班长签字。

3. 清场 装量不合格的胶囊及剩余颗粒装入洁净容器，挂好标签入中间库。剩余的空心胶囊，清点数量后，装入洁净容器，挂好标签送回中间库。机器内的积粉、吸尘器中收集的粉尘，与地面清理的一切污粉、杂物及胶囊碎壳、上次所用标签，装入弃物桶，送出生产区。

设备、容器、用具的清洁及生产区环境、清洁工具的清洁按照相关规定进行。

二、胶囊充填岗位重量检查操作

检查托盘天平是否挂有合格状态标志，并校正。

试机时，连续取样称重，直至其总重稳定地在控制范围内波动。生产过程中，每隔 15～30 分钟取样称重一次。

从出料口接 10 粒胶囊，按扭力天平标准操作程序测 20 粒胶囊装量总重，再称量每一粒胶囊的重量，记录称量结果，并将结果记录在胶囊重量检查记录上，将结果与规定的重量差异比较。

如测出结果符合规定，则充填继续进行。如测出结果在控制范围内，接近监控点，则对机器进行适当调整。

如超出控制范围，则立即重新取样称重，以证实结果，如果结果与前一次一致，则立即停机，对机器进行重新调整。调整后须重新取样称重，称重合格后，应更换收集容器，其前一次容器应挂上适当的状态标志，等待处理。

三、ZJT40 型胶囊填充机的操作和清洁消毒

（一）ZJT40 型胶囊填充机的操作

检查机器传动、电气控制等部件是否处于良好状态，检查机器的螺栓等紧固件是否紧固，检查机器润滑系统是否良好。

开启室内所需的空调设备，接通空调电源，开启"风机"按钮后，启动压缩机，将压缩机开关调至"调整"状态观察机器运转是否正常后，再调至"运转"状态，使室温达到 18~26℃，相对湿度为 45%~65%。

接通电源，空载试车 1~3 分钟，检查机器运转是否正常。

操作人员对所用药粉应仔细核对品名、批号、数量后，方可将药粉装入料斗，将药袋装入已消毒的容器内，抬至机器旁备用。

打开送料开关，药粉自送料斗送下，至机器料盘内，到一定高度后备用。将合格的胶囊装入胶囊料斗。接通机器电源，开启总开关，将机器开关调至"调整"状态，点动机器，使机器按规定方向空转 2~3 周，观察机器无异常后，方可正常开机。

先将机器开关调至"运行"处，开启真空泵，打开主机开关，机器进入运行状态，调整好填充量。

运行过程中，应随时注意机器的运行状态，发现异常情况，要及时停机，待检修好后方可开机。每隔 10 分钟，检查胶囊的装量，及时调整，将不合格的胶囊剔除，保证装量合格，并作好装量差异记录。填充完毕的胶囊，装入清洁的容器，及时转入下道工序。

生产结束后，停机，先切断主机电源。再关闭真空泵，最后关闭总电源。停机后清洁工作要及时，以免粘药放硬不好清理。

（二）ZJT40 型胶囊填充机的清洁消毒

1. 清洁程序 见表 9-1。

表 9-1 ZJT40 型胶囊填充机的清洁程序

项目	清洁操作要求
清洁的频次	超过清洁有效期，更换品种、批号时或出现异常情况时
清洁的地点	就地清洁、清洁间
清洁工具	不脱落纤维的抹布、刷子
清洁用水	饮用水、纯化水
清洁方法	1. 用干抹布、刷子擦去设备内残存物料； 2. 将机器能拆下的部件如：胶囊顶针、铜盘、挡板等拆下，移至清洁间，依次用饮用水、纯化水冲洗干净，再用干抹布将其擦干； 3. 用饮用水将设备外壳擦洗干净，再用干抹布将其擦干
清洁工具的清洗	洗洁精洗净后，依次用饮用水、纯化水冲洗干净
清洁工具的存放及干燥	存放于容器及工具存放间，晾干或烘干
清洁效果评价	设备内外无污迹、无残存物料
备注	1. 清洁后，换上已清洁标志，注明清洁人、清洁日期、清洁有效期及检查人； 2. 清洁后，超过 3 天使用时，须重新清洁

2. 消毒程序 见表 9-2。

表 9 - 2　ZJT40 型胶囊填充机的消毒程序

项目	消毒操作要求
消毒的频次	每月定期消毒两次及出现异常情况时（一般在清洁后进行）
消毒的地点	就地消毒、清洁间
消毒工具	不脱落纤维的抹布、喷壶
消毒剂及其配制	75% 乙醇、3% 双氧水
消毒剂的使用周期	两种消毒剂交替使用，每月更换一次
清洁用水	纯化水
消毒方法	1. 将机器能拆下的部件如：胶囊顶针、铜盘、挡板等移至清洁间，用消毒剂润湿抹布，将料斗等擦拭一遍； 2. 用消毒剂润湿抹布，将设备工作室擦拭一遍，不宜擦拭的部位用喷壶喷雾； 3. 使用 3% 双氧水作为消毒剂时，应在消毒后用纯化水擦拭或冲洗两遍
消毒工具的清洗	用纯化水冲洗干净
消毒工具的存放及干燥	存放于容器及工具存放间，晾干或烘干
消毒效果评价	微生物抽检符合质量部的检验标准
备注	1. 消毒后，如实填写消毒记录； 2. 超过消毒有效期（15 天）后，应重新消毒

四、铝塑热封岗位操作

调校好批号钢字，使其与生产品种批号相符。按铝塑泡罩包装机标准操作规程的要求，安装好生产所用配套的模具和零部件，按规定的方向装上 PVC 和铝箔，启动"加热"键预热，然后进行试运行。在加料斗中加入中间品，包装过程中随时补加。

启动铝塑包装机进行铝塑包装，调慢运行速度，待检查成形的泡罩、PVC 与铝箔的运行速度、批号的位置、铝塑成品网纹、铝塑压合、冲切等均符合要求后，调快运行至适宜的速度，以不影响产品质量为宜。调整放料阀位置，使加料速度与铝塑包装机转速填充一致。

该机器有多个部位温度较高，生产过程注意避免烫伤；该机器冲切处有一个切刀，生产过程切记不得将手伸入冲切处。机器运行过程中，禁止用手或拿清洁用品伸入压合、冲切等运动部件中清理污、异物。

用已清洁的塑料箱接收铝塑包装产品，每箱产品内外贴上标签，标签上注明：品名、规格、批号、毛重、净重、生产日期和操作人等。将包装品称重，移至中间库，卸下 PVC 和铝箔，称重后退回包装材料仓。做好批生产记录。

装量不合格的铝塑包装产品及剩余药品装入洁净容器，挂好标签入中间库。剩余的内包装材料，清点数量后，装入洁净容器，挂好标签送回中间库。机器内的积粉、吸尘器中收集的粉尘，与地面清理的一切污粉、杂物及上次所用标签，装入弃物桶，送出生产区。设备、容器、用具的清洁及生产区环境、清洁工具的清洁按照相关规定进行。

第二节　实　训

一、安神胶囊基本情况

1. 处方　炒酸枣仁 40g，川芎 47g，知母 112g，麦冬 92g，制何首乌 32g，五味子 97g，丹参 130g，茯苓 97g。

2. 来源　《中国药典》一部。

3. 制法　以上八味，酸枣仁、五味子粉碎成细粉；其余川芎等六味，加水煎煮二次，第一次 3 小时，第二次 2 小时，合并煎液，滤过，滤液浓缩成稠膏，低温干燥，粉碎，与上述粉末混匀，制粒，装入胶囊，制成 1000 粒，即得。

4. 性状　本品为硬胶囊，内容物为棕黄色至棕褐色的颗粒；气清香，味淡。

5. 功能与主治　补血滋阴，养心安神。用于阴血不足，失眠多梦，心悸不宁，五心烦热，盗汗耳鸣。

6. 用法与用量　口服，一次 4 粒，一日 3 次。

7. 贮藏　密封。

8. 注意　外感发热患者忌服。

9. 鉴别

（1）取本品 20 粒内容物，研细，加三氯甲烷 30ml，超声处理 30 分钟，滤过，滤液蒸干，残渣加三氯甲烷 1ml 使溶解，作为供试品溶液。另取五味子对照药材 1g 同法制成对照药材溶液。再取五味子甲素对照品，加三氯甲烷制成每 1ml 含 1mg 的溶液作为对照品溶液。照薄层色谱法试验，吸取上述三种溶液各 2μl，分别点于同一硅胶 GF$_{254}$ 薄层板上，以石油醚（30～60℃）－甲酸乙酯－甲酸（15∶5∶1）的上层溶液为展开剂，展开，取出，晾干，置紫外光灯（254nm）下检视。供试品色谱中，在与对照药材色谱和对照品色谱相应的位置上，显相同颜色的斑点。

（2）取川芎对照药材 1g，加三氯甲烷 20ml，超声处理 10 分钟，滤过，滤液蒸干，残渣加三氯甲烷 1ml 使溶解，作为对照药材溶液。照薄层色谱法试验，吸取上述对照药材溶液及〔鉴别〕（1）项下供试品溶液各 2μl，分别点与同一硅胶 G 薄层板上，以石油醚－乙酸乙酯（1∶1）为展开剂，展开，取出，晾干，置紫外光灯（365nm）下检视。供试品色谱中，在与对照药材色谱相应的位置上，显相同颜色的荧光斑点。

10. 检查　应符合胶囊剂项下有关的各项规定。

11. 含量测定　照高效液相色谱法测定。

色谱条件与系统适用性试验　以十八烷基硅烷键合硅胶为填充剂，以甲醇－水（58∶42）为流动相，检测波长为 250nm。理论板数按五味子醇甲峰计算应不低于 3000。

对照品溶液的制备　取五味子醇甲对照品适量，精密称定，加甲醇制成每 1ml 含 30μg 的溶液，即得。

供试品溶液的制备　取装量差异项下的本品内容物，研细，取约 1g，精密称定，置具塞锥形瓶中，精密加入三氯甲烷－甲醇（2∶1）混合溶液 25ml，密塞，称定重量，超声处理（功率 250W，频率 25kHz）40 分钟，放冷再称定重量，用三氯甲烷－甲醇

（2∶1）混合溶液补足减失的重量，摇匀，滤过，取续溶液，即得。

测定法　分别精密吸取对照品溶液与供试品溶液各 10μl，注入液相色谱仪，测定，即得。本品每粒含五味子以五味子醇甲（$C_{24}H_{32}O_7$）计，不得少于 0.20mg。

二、制备工艺解析

1. 工艺设计思路

（1）主要药物研究概述（主要药物来源、药物成分、药理作用等）　酸枣仁为鼠李科植物酸枣的种子。含多量脂肪油和蛋白质；两种甾醇：一种为 $C_{26}H_{42}O_2$，熔点 288～290℃，易溶于醇；另一种的熔点为 259～260℃，易溶于三氯甲烷；两种三萜化合物：白桦脂醇、白桦脂酸；还含酸枣皂苷，苷元为酸枣苷元，水解所得到的厄北林内酯是皂苷的第二步产物；含多量维生素 C。具有：①镇静、催眠作用；②镇痛、抗惊厥、降温作用；③可引起血压持续下降；④酸枣仁单用或与五味子合用，均能提高烫伤小白鼠的存活率，延长存活时间，还能推迟大白鼠烧伤性休克的发生和延长存活时间，并能减轻小白鼠烧伤局部的水肿；⑤对子宫有兴奋作用，对狗因去水吗啡引起的呕吐无抑制作用。

川芎为伞形科多年生草本植物川芎的根茎。含川芎嗪、黑麦草碱、含川哚、藁本内酯等。能活血行气，祛风止痛。用于安抚神经，正头风头痛，症瘕腹痛，胸胁刺痛，跌扑肿痛，头痛，风湿痹痛。

知母为单子叶植物百合科知母的干燥根茎。菝葜皂苷元含量是目前药典中衡量知母品质的最重要的内在指标。本品可用于热病烦渴，肺热咳嗽，阴虚燥咳，骨蒸潮热，阴虚消渴，肠燥便秘。

麦冬为百合科植物麦冬的干燥块根。麦冬含麦冬皂苷 A、B、B′、C、C′、D、D′，麦冬酮 A、B，甲基麦冬黄酮 A、B，二氢麦冬黄酮 A、B。性甘、微苦，微寒。归心、肺、胃经。养阴生津，润肺清心。用于肺燥干咳。虚痨咳嗽，津伤口渴，心烦失眠，内热消渴，肠燥便秘。

制何首乌为何首乌的炮制加工品。本品含有大黄素、大黄素甲醚、大黄素－3－乙醚、五味子素等。补肝肾，益精血，乌须发，强筋骨。用于血虚萎黄，眩晕耳鸣，须发早白，腰膝酸软，肢体麻木，崩漏带下，久疟体虚；高血脂。

五味子俗称山花椒、秤砣子、药五味子、面藤、五梅子等，古医书称它荎蕏、玄及、会及。为木兰科植物五味子的果实。多年生落叶藤本。植株可供观赏，果实习称"北五味子"，供药用。含有五味子素、去氧五味子素、新一味子素、五味子醇、五味子酯等。五味子果实能益气生津、敛肺滋肾、止泻、涩精、安神，可治久咳虚喘、津少口干、遗精久泻、健忘失眠等症。药理试验证明能调节中枢神经系统的兴奋和抑制过程，促进肌体代谢，调节胃液和胆液分泌，对肝炎恢复期转氨酶升高者有降低作用。果皮及成熟种皮含木脂素，是五味子的药用有效成分，其中包括多种五味子素。种子含脂肪，油脂可制肥皂或机械润滑油。茎叶及种子均可提取芳香油。

丹参为双子叶植物唇形科丹参的干燥根及根茎。主含脂溶性的二萜类成分和水溶性的酚酸成分，还含黄酮类、三萜类、甾醇等其他成分。活血调经，祛瘀止痛，凉血消痈，清心除烦，养血安神。

茯苓为寄生在松树根上的菌类植物，形状像甘薯，外皮黑褐色，里面白色或粉红色。为多孔菌科真菌茯苓的干燥菌核，多寄生于马尾松或赤松的根部。产于云南、安徽、湖北、河南、四川等地。含 β - 茯苓聚糖、茯苓酸、卵磷脂及甾醇等。药性甘、淡、平，归肺、胃、肾经。能利水渗湿，健脾，化痰，宁心安神。

（2）药物提取　将川芎、知母、麦冬、丹参、茯苓、制何首乌六味药加水煎煮两次，第一次煎煮 3 小时，第二次 2 小时，合并煎煮液，滤过，滤液浓缩成稠膏，低温干燥，粉碎。

（3）剂型制备　将酸枣仁和五味子粉碎，粉末与上述粉末混合均匀，添加辅料，制软材，整粒，装胶囊。

（4）质量控制　以胶囊中的五味子醇的含量为标准进行质量控制。

色谱条件与系统适用性试验　以十八烷基硅烷键合硅胶为填充剂，以甲醇 - 水（58:42）为流动相，检测波长为 250nm。理论板数按五味子醇甲峰计算应不低于 3000。

对照品溶液的制备　取五味子醇甲对照品适量，精密称定，加甲醇制成每 1ml 含 30μg 的溶液，即得。

供试品溶液的制备　取装量差异项下的本品内容物，研细，取约 1g，精密称定，置具塞锥形瓶中，精密加入三氯甲烷 - 甲醇（2:1）混合溶液 25ml，密塞，称定重量，超声处理（功率 250W，频率 25kHz）40 分钟，放冷，再称定重量，用三氯甲烷 - 甲醇（2:1）混合溶液补足减失的重量，摇匀，滤过，取续滤液，即得。

测定法　分别精密吸取对照品溶液与供试品溶液各 10μl，注入液相色谱仪，测定，即得。本品每粒含五味子以五味子醇甲（$C_{24}H_{32}O_7$）计，不得少于 0.20mg。

2. 工艺关键技术

（1）制备安神胶囊的关键技术　主要是混合粉末的制粒以及装胶囊的条件控制。

制粒操作使颗粒具有某种相应的目的性，以保证产品质量和生产的顺利进行。如在颗粒剂、胶囊剂中颗粒是产品，制粒的目的不仅仅是为了改善物料的流动性、分散性、黏附性及有利于计量准确、保护生产环境等，而且必须保证颗粒的形状大小均匀、外形美观等。而在片剂生产中颗粒是中间体，不仅要改善流动性以减少片剂的重量差异，而且要保证颗粒的压缩成形性。制粒方法有多种，制粒方法不同，即使是同样的处方不仅所得制粒物的形状、大小、强度不同，而且崩解性、溶解性也不同，从而产生不同的药效。因此，应根据所需颗粒的特性选择适宜的制粒方法。

（2）安神胶囊的制备过程中容易出现的主要问题　本制剂在制颗粒时，用水制粒，如果制粒时软材的黏性较大，可以选择一定浓度的乙醇。

3. 工艺点评　将药材制成胶囊不仅使其质量得到保障，而且还便于服用，携带方便，计量准确。采用高效液相色谱法测定含量，结果准确，为药品内在质量控制提供了保证。

4. 安神胶囊的相关研究动态　国内有许多关于安神胶囊的研究、例如安神胶囊喷雾干燥技术的研究、安神胶囊的毒性研究，制成不同剂型后的效果研究等。

三、安神胶囊的生产工艺

1. 主题内容　本工艺规定了安神胶囊生产全过程的工艺技术、质量、物耗、安全、工艺卫生、环境保护等内容。本工艺具有技术法规作用。

2. 适用范围　本工艺适用于安神胶囊生产全过程。

3. 引用标准　《中国药典》一部,《药品生产质量管理规范 (2010 年修订)》。

4. 职责

编写: 生产部、质量部技术人员。

汇审: 生产部、质量部及其他相关部门负责人。

审核: 生产部经理、质量部经理。

批准: 总经理。

执行: 各级生产质量管理人员及操作人员。

监督管理: QA、生产质量管理人员。

5. 产品概述

(1) 产品名称　安神胶囊 (Anshen Jiaonang)。

(2) 产品特点

性状: 本品为硬胶囊,内容物为棕黄色至棕褐色的颗粒;气清香,味淡。

规格: 每粒装 0.25g。

功能与主治: 补血滋阴,养心安神。用于阴血不足,失眠多梦,心悸不宁,五心烦热,盗汗耳鸣。

用法与用量: 口服,一日 3 次,一次 4 粒。

贮藏: 密封。

有效期: 3 年。

新药类别: 本品为国家中药仿制品种。

(3) 处方来源　本处方出自《中国药典》一部。

处方: 炒酸枣仁 40g,川芎 47g,知母 112g,麦冬 92g,制何首乌 32g,五味子 97g,丹参 130g,茯苓 97g。

处方依据:《中国药典》一部。

批准文号:……。

生产处方: 为处方量×倍。

6. 工艺流程图　见图 9 – 1。

制粉药材: 酸枣仁、五味子。

提取药材: 川芎、知母、麦冬、制何首乌、丹参、茯苓。

7. 中药材的前处理

(1) 炮制依据　《中药材炮制通则》、《全国中药炮制规范 (1988 年版)》。

(2) 炮制方法和操作过程

酸枣仁: 除去残留核壳和其他杂质。

五味子: 除去杂质。

川芎: 除去杂质,分开大小,略泡,洗净,润透,切薄片,干燥。

知母: 除去杂质,洗净,润透,切厚片,干燥,去毛屑。

麦冬: 除去杂质,洗净,润透,轧扁,干燥。

制何首乌: 取何首乌片或块,照炖法用黑豆汁拌匀,置非铁质的适宜容器内,炖

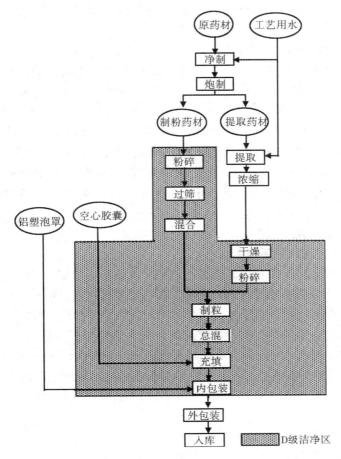

图 9 - 1　安神胶囊工艺流程

至汁液吸尽；或照蒸法，清蒸或用黑豆汁拌匀后蒸，蒸至内外均呈棕褐色，或晒至半干，切片，干燥。

每 100kg 何首乌片（块），用黑豆 10kg。

黑豆汁制法：取黑豆 10kg，加水适量，煮约 4 小时，熬汁约 15kg，豆渣再加水煮约 3 小时，熬汁约 10kg，合并得黑豆汁约 25kg。

丹参：除去杂质及残茎，洗净，润透，切厚片，干燥。

茯苓：取茯苓个，浸泡，洗净，润后稍蒸，及时切取皮和块或切厚片，干燥。

8. 中药材的前加工和质量控制点

（1）配料　依据生产指令、配核料单，按生产处方量逐味称取中药材备料。

（2）粉碎　取酸枣仁、五味子，分别用万能粉碎机粉碎成细粉。

（3）过筛　将药粉用筛粉机过 80 目筛。

（4）定额包装　生药粉过 80 目筛后用塑料袋装好封口，再用编织袋装好封口，标明状态标识，定额包装，零头单独包装存放，检验合格后入库。

（5）灭菌　定额包装后的药粉经 60Co 灭菌后入中间库待检，检验性状、鉴别、含量、微生物，检验合格后入库。

（6）混合　将过筛后的酸枣仁、五味子生药粉按生产处方准确称量，投入 V 形混合机内混合 20 分钟。

9. 提取操作过程和质量控制点

（1）煎煮　按处方量称取川芎、知母、麦冬、制何首乌、丹参、茯苓，于多功能提取罐内，加 8 倍量饮用水，煎煮 3 小时，滤过，再加 6 倍量饮用水，煎煮 2 小时，滤过。第一煎滤液体积应≥6.5 倍药材重量，第二煎滤液体积应≥6 倍药材重量。煎煮工序控制参数如下：蒸汽压力为 0.1～0.3MPa；煎煮时间以药液沸腾时计时。

多功能提取罐内中药渣控净药液后，打开罐底阀放出药渣，用手推车运到药渣场。

（2）浓缩　合并提取液，于单效减压浓缩器内浓缩至相对密度 1.32～1.35（50℃）的浸膏。浓缩岗位控制参数如下：蒸汽压力为 0.05～0.15MPa；真空度为 -0.06～-0.08MPa；冷却水温度为≤35℃。

（3）干燥　采用真空干燥。

10. 制剂操作过程和质量控制点

（1）浸膏粉碎　将干浸膏用万能磨粉机粉碎成细粉，过 80 目筛，备用。

（2）制颗粒　取药粉和浸膏细粉混合，在一步制粒机内，用 60% 乙醇制成颗粒。

（3）整粒、总混　把颗粒于整粒机上过 16 目筛；于混合机内混合 30 分钟。

（4）胶囊填充　于 ZJT40 全自动胶囊填充机上进行填充，胶囊重量根据批生产指令进行控制。调整装量，使胶囊重量在规定范围内，正常生产中每 15 分钟检查装量差异一次，装量不合格的胶囊，另器存放，合格胶囊抛光后置于洁净的容器内。

（5）内包装　滚板式铝塑泡罩包装机，以 12 粒/板进行包装，在 PVC 板一端打印产品批号。

加热板温度为 120℃；封合温度为 180℃。

压板要求：板面清洁，无空泡，无杂质，封合严密，无泄露，每 30 分钟检漏一次。

（6）外包装。

11. 工艺卫生要求　中药材净制、炮制、提取、浓缩、外包装工序工艺卫生执行一般生产区工艺卫生规程，环境卫生执行一般生产区环境卫生规程。

粉碎、过筛、混合工序工艺卫生执行洁净管理区工艺卫生规程，环境卫生执行洁净管理区环境卫生规程。

浸膏干燥、干浸膏粉碎、干浸膏筛分、制粒、整粒、胶囊填充、压板工序工艺卫生执行 D 级洁净区工艺卫生规程，环境卫生执行 D 级环境卫生规程。

12. 质量标准

（1）原料的质量标准　川芎、知母、麦冬、制何首乌、丹参、茯苓、酸枣仁、五味子。

（2）辅料的质量标准　乙醇、空心胶囊。

（3）包装材料的质量标准　PVC 板、铝箔等。

（4）成品的质量标准。

13. 中间品、产品的质量控制

（1）生药粉　细度检查：应全部通过 80 目筛；水分≤5.0%。

（2）清膏　色泽棕色、均匀，无酸败、异臭、产生气体或其他变质现象，无焦屑等异物，相对密度 1.25～1.30（50℃）。

（3）颗粒

性状：为棕黄色至棕褐色的颗粒；气清香，味淡。

外观：干燥、颗粒均匀、色泽一致，无吸潮、软化、结块、潮解等现象的颗粒。

鉴别：应为五味子的正反应；应为川芎的正反应。

水分：≤6.0%。

含量测定：每一个单位［总颗粒量/（1000×处方倍数）］含五味子以五味子醇甲（$C_{24}H_{32}O_7$）计，不少于 0.20mg。

（4）待包装品

外观：整洁、无粘连、变形或破裂现象，无异臭。内容物为棕黄色至棕褐色的颗粒；气清香，味淡。

鉴别：应为五味子、川芎的正反应。

水分：≤7.0%。

含量测定：每粒含五味子以五味子醇甲（$C_{24}H_{32}O_7$）计，不少于 0.20mg。

崩解时限：≤25 分钟。

微生物限度：细菌数≤3000 个/g，霉菌数≤60 个/g，大肠埃希菌、活螨不得检出。

（5）成品　装盒装箱数量应准确无误。小包装应封口严密、整洁；袋包装应裁切位正；中包装封口完好；大包装封箱牢固。标签粘贴整齐牢固，文字内容完整无误，批号、生产日期、有效期应正确、清晰。

其余同"待包装品"。

14. 包装、标签、说明书的要求　装量准确：每板 12 粒；PVC 与铝箔热合端正、严密；粘签：端正、美观、整洁、不开签、不松签、不皱褶；盒外观四角要见方，上下不得出现明显凹凸不平，折盒插盒不得有飞边，不得有破损；装盒装箱：填塞紧密、不松动；印字：产品批号、生产日期、有效期应正确无误、印字清晰、整洁、不歪斜。

15. 经济技术指标和物料平衡　统计原料、辅料、包装材料、中间品量、成品量。

净制收率 = 净药材重量/原药材重量×100%

药材粉碎收率 = 粉碎后药粉重量/原药材重量×100%

过筛收率 = 过筛后药粉重量/粉碎后药粉重量×100%

混合收率 = 混合后药粉重量/过筛后药粉重量×100%

制粒收率 = 颗粒重量/颗粒定额×100%

整粒总混定额 = 总混后颗粒重量/制粒重量×100%

填充收率 = 填充后胶囊重量/（颗粒重量 + 空胶囊重量）×100%

整批收率 = 成品数/计划产量×100%

产品、物料实际产量、实际用量及收集到的损耗之和与理论产量或理论用量之间进行比较，制定可允许的偏差范围。

16. 技术安全及劳动保护

（1）技术安全　车间内严禁动用明火，并设有消防栓、消火器等消防器材，安放于固定位置，定期检查，以备应用。新职工进厂要进行安全教育，定期培训。所有设备每年进行一次校验，经常检查，以保证正常生产。下班时要仔细检查水、电、气、火源，并作好交班工作，无接班者，要切断电源，关闭水阀，熄灭火种，清理好工作场所，确无危险后方可离开。

安全适用电器设备，各工序的电器设备必须保持干燥、清洁。安全用电措施：企业设有专用变压器、配电室，装置总闸，各车间配有分闸，下班拉闸，切断电源，中途有关电器和线路出现异常时，立即切断电源，及时找电工修理，电器设备和照明装置必须遵守电器安全规程，要符合电器防爆要求。

受压容器、设备要求安装安全阀，压力表每年进行一次试压试验，遇有疑问及时上报检修，不得自行拆卸，严格执行压力容器安全监察规程和有关压力容器安全技术规定。压力表、温度表、水表、真空表、电表等，要经常检查，每年校验一次。

提取工序投料时，不得将头探入提取罐投料口，排渣药渣时，严禁站人，以杜绝人身事故的发生。

各机器的传送带、明齿轮和转动轴等转动部分，必须设安全罩。进入操作间，应严格按要求将工作服穿戴整齐，包括头发裹进帽内，戴好口罩。机器运转部分应有防护罩或有注意安全的警示标志；严禁在没有通知同伴的情况下独自开机；禁止在转动设备上放置杂物及工具。

（2）劳动保护 操作者操作时，穿戴好工作服、鞋、帽、口罩等，并妥善保管，正确使用。

第十章 ▶ 片剂制备工艺与操作

片剂系指原料药物与适宜辅料混匀压制或用其他适宜方法制成的圆片状或异形片状的固体制剂。片剂以口服普通片为主，另有含片、咀嚼片、泡腾片、阴道片、阴道泡腾片和肠溶片等。

中药片剂的原料药物可以是全粉、浸膏、半浸膏、有效部位、有效成分等。

含片系指含于口腔中缓慢溶化产生局部或全身作用的片剂。

咀嚼片系指于口腔中咀嚼后吞服的片剂。

泡腾片系指含有碳酸氢钠和有机酸，遇水可产生气体而呈泡腾状的片剂。

阴道片与阴道泡腾片系指置于阴道内使用的片剂。

肠溶片系指用肠溶性包衣材料进行包衣的片剂。

片剂在生产与贮藏期间应符合下列有关规定。

（1）用于制片的药粉（膏）与辅料应混合均匀。含药量小的或含有毒性药的片剂，应根据药物的性质用适宜的方法使药物分散均匀。

（2）凡属挥发性或遇热不稳定的药物，在制片过程中应避免受热损失。

（3）压片前的颗粒应控制水分，以适应制片工艺的需要，并防止成品在贮存期间发霉、变质。

（4）片剂根据需要，可加入矫味剂、芳香剂和着色剂等附加剂。

（5）为增加稳定性、掩盖药物不良臭味或改善片剂外观等，可对制成的药片包糖衣或薄膜衣。对一些遇胃液易破坏、刺激胃黏膜或需要在肠道内释放的口服药片，可包肠溶衣。必要时，薄膜包衣片剂应检查残留溶剂。

（6）片剂外观应完整光洁、色泽均匀，有适宜的硬度，以免在包装、贮运过程中发生磨损或破碎。

（7）除另有规定外，片剂应密封贮存。

片剂应进行以下相应检查。

【重量差异】片剂照下述方法检查，应符合规定。

检查法 取供试品 20 片，精密称定总重量，求得平均片重后，再分别精密称定每片的重量，每片重量与平均片重相比较（凡无含量测定的片剂或有标示片重的中药片剂，每片重量应与标示片重比较），按表 10 - 1 中的规定，超出重量差异限度的不得多于 2 片，并不得有 1 片超出限度 1 倍。

表 10 - 1　片剂质量差异限度

标示片重或平均片重	重量差异限度
0.3g 以下	±7.5%
0.3g 及 0.3g 以上	±5%

糖衣片的片芯应检查重量差异并符合规定，包糖衣后不再检查重量差异。除另有

规定外，其他包衣片应在包衣后检查重量差异并符合规定。

凡规定检查含量均匀度的片剂，一般不再进行重量差异检查。

【崩解时限】除另有规定外，含片、舌下片、口崩片照崩解时限检查法检查，应符合规定。

阴道片照融变时限检查法检查，应符合规定。

凡规定检查溶出度或释放度的片剂不再进行崩解时限检查。

【分散均匀性】分散片照下述方法检查，应符合规定。

检查法　采用崩解时限检查装置，不锈钢丝网的筛孔内径为 710μm，水温为 15 ~ 25℃；取供试品 6 粒，应在 3 分钟内全部崩解并通过筛网。

【微生物限度】照微生物限度检查法检查，应符合规定。

第一节　片剂的制备与操作

一、压片岗位操作

根据批生产指令，领取所需的冲头和冲模，检查冲头和冲模有无受损，光洁度是否良好。安上冲头和冲模，检查冲头和冲模是否安装良好。按压片机标准操作规程试运行设备，正常后开始生产。

将混合均匀的颗粒加入料斗内，根据批生产指令的要求，调整片子的硬度、重量，取大约 100 片样品，每 50 片称重一次，片重符合要求后，开机压片，压片速度控制在批生产记录规定的范围内。再取大约 100 片样品，送中控室进行检验。

经中控室检验片重符合规定后，把开始调试片重的不合格片子放进盛放尾料的容器内。合格的片子放在洁净的桶内，随时检查机器是否在压片过程中正常工作。每 15 ~ 30 分钟检查片重一次，片重范围控制：规定片重 ±5%（≥0.3g/片），规定片重 ± 7.5%（<0.3g/片）。如果发生偏差，及时调整使其符合要求。每桶称重，做好记录，挂好物料标签，送到中间库。

压片过程中，若出现片子外观、片重差异、崩解时限不合格时，必须立即停机检查，检查结果经车间主任判定后方可继续压片生产，不合格的中间品按不合格产品处理。

将压片结束时的残片及少量颗粒收集后，与调试片重时的片子放在一起，称重并记录，贴上标签，入中间库。计算产量和收率，记录结果，检查批生产记录上各项目都已填写齐全，且结果都在限度之内，签字。任何偏差记入相应栏内，并做出解释，复核后，由班长签字。

用吸尘器将压片机内各部件的积粉吸清，拆下片子粉尘去除器，清除其中的粉尘，清除吸尘器中收集的粉尘，清理场地内的一切污粉，与以上粉尘一起称重、记录，进行物料平衡，扫除场地内的杂物及上次所用标签，与上述粉尘一起装入弃物桶，送出生产区。设备、容器、用具的清洁及生产区环境、清洁工具的清洁按照相关规定进行。

二、压片岗位片重检查操作

检查托盘天平是否挂有合格状态标志，并校正。试机时，连续取样称重，直至其总重稳定地在控制范围内波动。生产过程中，每隔 15~30 分钟取样称重一次。

从出料口接取 10 片药片，按扭力天平标准操作程序测每片重量，并记录在批记录上，将结果与规定的重量差异比较。如测出结果符合规定，则继续进行。如测出结果在控制范围内，接近监控点，则对机器进行适当调整。如超出控制范围，则立即重新取样称重，以证实结果，如果结果与前一次一致，则立即停机，对机器进行重新调整。调整后须重新取样称重，称重合格后，应更换收集容器，其前一次容器应挂上适当的状态标志，等待处理。

三、ZP–35B 旋转式压片机的操作和清洁消毒

（一）ZP–35B 旋转式压片机的操作

1. 开机前的准备工作

（1）冲模的安装　冲模安装前，应将转盘的工作面、上下冲杆孔、中模孔和所需安装的冲模逐件擦拭干净。

中模的安装：转盘上的中模固紧螺钉逐件旋出转盘外圆，而且相平，以避免中模装入时与螺钉头部相互干涉。中模与孔是过渡配合，故中模需放平，再用铜棒由上冲孔穿入，并用手锤轻轻敲入，以中模孔平面不高出转盘工作台面为合格，然后将螺钉固紧。

上冲的安装：将上轨道的嵌舌往上翻起，可在冲杆尾部涂些植物油，再逐件插入转盘孔内，注意冲杆头部进入中模孔后，上下及转动均匀，灵活自如，否则就必须检查冲模质量是否符合要求，装入上冲完毕后必须将嵌舌翻下。

下冲的安装：打开上冲门，拆下在主体面上装卸下冲用的垫块，即可装入下冲杆，方法与上述相同，但装妥后必须将垫块恢复原状。

冲模安装完毕，可用盘车手轮使转盘沿数字顺序方向旋转 1~2 周，观察上下冲在轨道上运行情况，不可有碰撞和硬磨擦现象。

（2）检查　检查机器蜗轮箱内油位，应在视窗高度的 1/2~2/3。检查机器各油杯和油嘴内是否有足够的黄油和机油，以保证运转正常，润滑良好。检查上压轮表面润滑是否良好，机器各紧固件是否紧固，调整机器各手柄位置。

盘车观察冲模在轨道上运行情况是否良好，然后脱开锥形摩擦离合器。检查机器是否可靠接地。

2. 开机运行　通电开机时（离合器脱开，转盘静止），必须先检查电动机转向是否和标牌所示方向一致，否则会严重损坏机器和下冲杆。检查颗粒是否干燥，要求颗粒中的细粉（大于 100 目），不得超过 10%，否则会造成片重不符合要求及影响机器使用寿命。

用手转动试车手轮，同时调节片厚（先放在最大位置）逐步把片剂的重量和软硬调至成品要求后再启动电机，闭合离合器，进行正式运转生产，在生产过程中须定时抽验片剂的质量是否符合要求。

转速的选择对机器使用寿命有直接影响，由于原料的颗粒大小、黏度、温度等性质同片剂直径、压力、片厚在使用上不能作统一的定量规定，一般来说，片径大、压力大时转速应慢些，反之可快些，调整转速手轮后，务使手轮锁紧，可通过拧紧锁紧螺母和紧定螺钉来实现，以防松动造成飞车。

在使用中要随时注意机器运转情况，如遇有重叠片造成超压报警或有尖叫等怪声即应停车检查，不可勉强使用。

3. 停机 首先脱开离合器，使压片机停止工作，再关闭电源开关、停机。

4. 注意事项 冲模使用前必须严格检查，不能有裂纹、变形、缺边等缺陷，不能勉强使用，以免损坏机器。初次开车前应把离合器手柄旋转在水平位置，启动电机后即检查电动机叶轮的转向是否与标志一致，然后再闭合离合器。吸尘的振打手柄须每班振打数次，其储粉斗须及时清理，以防堵塞风流通道。加料器与转盘平面须保持一定间隙，间隙过大会造成漏粉，过小会造成摩擦而刮伤转盘工作面。不干燥的物料不宜压片使用，以免粘冲超压。

发现超压信号灯 HL1 亮，务必停车检查，这是说明工作压力设定后，而压片时的压力已超过的警告。运转中如遇跳片或阻片，切不可用手拨动，以免造成伤害事故。必须有可靠的接地。

（二）ZP‑35B 旋转式压片机的清洁消毒

1. 清洁程序 见表 10‑2。

表 10‑2　2P‑35B 旋转式压片机的清洁程序

项目	清洁操作要求
清洁的频次	每批使用后及出现异常情况时
清洁的地点	就地清洁、清洁间
清洁工具	不脱落纤维的抹布
清洁用水	饮用水、纯化水
清洁方法	1. 取出剩余颗粒，刷净机器各部分的残留物料； 2. 取出上下冲模，旋松螺丝轻轻敲出中模，移至清洁间，依次用饮用水、纯化水冲洗干净，用抹布擦干。然后，依次装入机器。如长期不用或更换品种规格，应放入铁皮箱内，涂上防锈机油，以防锈蚀； 3. 拆下压片机上的附件及玻璃罩，送入清洁间，依次用饮用水、纯化水冲洗干净； 4. 用抹布蘸取饮用水从上到下、从内到外擦洗设备其余部分，清洁卫生后用干抹布将其擦干
清洁工具的清洗	洗洁精洗净后，依次用饮用水、纯化水冲洗干净
清洁工具的存放及干燥	存放于容器及工具存放间，晾干
清洁效果评价	设备内外无污迹、无残存物料
备注	1. 清洁后，换上已清洁标志，注明清洁人、清洁日期、清洁效期及检查人； 2. 清洁后，超过 3 天使用时，须重新清洁

2. 消毒程序 见表 10‑3。

表 10‑3　ZP‑35B 旋转式压片机的消毒程序

项目	消毒操作要求
消毒的频次	每月定期消毒两次及出现异常情况时（一般在清洁后进行）
消毒的地点	就地消毒、清洁间
消毒工具	不脱落纤维的抹布、喷壶

续表

项目	消毒操作要求
消毒剂及其配制	75%乙醇、3%双氧水
消毒剂的使用周期	两种消毒剂交替使用，每月更换一次
清洁用水	纯化水
消毒方法	1. 将机器能拆下的部件如冲模、加料器等移至清洁间，用消毒剂润湿抹布，将其擦拭一遍； 2. 用消毒剂润湿抹布，将设备工作室擦拭一遍，不宜擦拭的部位用喷壶喷雾； 3. 使用3%双氧水作为消毒剂时，应在消毒后用纯化水擦拭或冲洗两遍
消毒工具的清洗	用纯化水冲洗干净
消毒工具的存放及干燥	存放于容器及工具存放间，晾干
消毒效果评价	微生物抽检符合质量部的检验标准
备注	1. 消毒后，如实填写消毒记录； 2. 超过消毒有效期（15天）后，应重新消毒

四、糖浆配制岗位操作

打开配液罐回汽蒸汽阀门。

单糖浆的配制：按批生产记录规定的量，将蔗糖和纯化水加入糖浆锅内。打开蒸汽阀进行加热并搅拌，在加热搅拌过程中要调节蒸汽阀，以获得规定的压力和温度，使糖完全溶解。滤过澄清，置洁净容器中妥善保存；或直接打入配液罐。

胶糖浆的配制：将规定量的桃胶加适量纯化水（90℃左右）浸泡过夜，使之膨溶，按照1:4:7（桃胶:水:糖浆）的比例，加入纯化水和糖浆，加热至沸，保持约10分钟，趁热滤过，放入洁净容器内，放凉，备用。

有色糖浆的配制：将规定量的色素在搪瓷杯中加适量纯化水搅拌使之完全溶解，加热至沸，立即倒入需用量的单糖浆中混匀即得。色糖浆均须临用新配。

填写批生产记录。

清理场地内的污粉、杂物及上次所用标签，装入弃物桶，送出生产区。设备、容器、用具的清洁及生产区环境、清洁工具的清洁按照相关规定进行。

五、薄膜包衣岗位操作

按高效包衣机标准操作规程进行操作。按工艺用量称取被包衣中间品。将片芯加入包衣球内，根据片芯在球内所占体积，调节好喷枪位置（一般喷枪应距片芯表面30cm为宜），将喷枪固定。开启主机，预热药片至规定温度，开始喷包衣液。随时观察包衣情况，及时调整温度、包衣液喷速、包衣球转速、空压、排风。一般出风温度控制在45~50℃，空压控制在0.4~0.6MPa（水溶性包衣粉），0.35~0.45MPa（醇溶性包衣粉），转速预热时控制2r/min，喷液开始时≤4r/min，当片子表层均匀包被一层衣粉后，提速至6~12r/min。保证喷液量、温度及干燥效果相匹配。

当包衣片达到规定片重或包衣液喷完时停止喷雾，包衣球减速为≤5r/min，关闭热风，待片温下降至约30℃后，停止操作。将薄膜片取出，装入洁净容器内，称量，挂好标签，入中间库。

操作过程的安全事项及注意事项：严格控制温度在工艺要求的范围内；调节好喷枪的喷雾角度等，达到理想的雾化状态，方可使片面均匀地吸收薄膜衣液；在包衣过程中，要随时检查喷头的正常工作，是否阻塞，如有必要，则需清洁和替换喷头中的垫圈。

将尾料称重后入中间库，清理场地内的污粉、杂物及上次所用标签，装入弃物桶，送出生产区。设备、容器、用具的清洁及生产区环境、清洁工具的清洁按照相关规定进行。

六、薄膜包衣液配制岗位操作

1. 醇溶性包衣液的配制 量取规定量的乙醇，将乙醇置配液罐内，称取规定量的包衣粉。开启搅拌桨，将包衣粉慢慢加入配液罐内，搅拌约 10 分钟。加入规定量的纯化水，再搅拌 35 分钟，备用。

2. 水溶性包衣液的配制 量取规定量的纯化水加入配液罐内，称取规定量的包衣粉。开启搅拌桨，将包衣粉慢慢加入配液罐内，搅拌 45 分钟，备用。

3. 清场 清理场地内的污粉、杂物及上次所用标签，装入弃物桶，送出生产区。设备、容器、用具的清洁及生产区环境、清洁工具的清洁按照相关规定进行。

七、JGB – 150D 型高效包衣机的操作和清洁消毒

（一）JGB – 150D 型高效包衣机的操作

1. 开机前的准备 检查主机的包衣滚筒、搅拌器等部件是否完好，清洗盘内清洗用水是否已排净。检查热风机各部件是否完好，排风机的风机、布袋除尘器等是否完好，除尘器集灰箱内灰尘是否已除净。

检查喷雾系统各部件是否完好，撤出喷枪，打开压缩空气阀门，调节雾化状态。检查清洗系统进水阀门是否关闭，高压喷枪是否完好，汽源气压是否符合要求。

2. 开机运行 接通控制柜总电源，开启蒸汽总阀门，接通蒸汽。按生产工艺要求，打开保温搅拌罐压缩空气阀门，将包衣（糖衣）材料加入保温搅拌罐搅拌均匀。将需要包衣的片芯加入包衣滚筒，加入量每次 100 ~ 150kg。根据片芯在滚筒中所占的体积，调节喷枪位置，喷枪以距片芯 30cm 为宜。

开启"匀浆"，调节转速在 4r/min 以上，开启"热风"、"排风"。根据工艺要求，设定加热温度，开启"温控"。

根据控制柜上差压表的显示，通过调节"热风阀"和"排风阀"开度，控制包衣机内始终保持为负压。

当出风温度达到设定值时，开启"喷浆"根据工艺要求设定流量，进行喷浆操作。

喷浆结束后，根据工艺要求，可关闭"喷浆"，降低喷浆流速至"0"，并关闭喷枪压缩空气阀门。继续开"热风"进行干燥操作。

干燥后，关闭"热风"，当出风温度降至 35℃ 左右时，关闭"排风"和"匀浆"，装好出片器，开启"匀浆"调节转速在 5r/min 左右出片，包衣结束。

拆下出片器，打开进水阀，设定自动清洗时间，按"启动"后，用高压水枪将包

衣机内腔清洗干净。

根据生产工艺要求,编制相关程序,设定好相关参数(温度、时间、转速等)后,选择程序,系统将自动运行。其他参照上述手动操作。

3. 停机　关闭主机电源,关闭压缩空气阀门,关闭总蒸汽阀门。

4. 注意事项　保温搅拌桶在不需要加热时,不需合上电源,只需向气动马达通入压缩空气,保证搅拌器正常工作即可。

设备运转过程中,注意经常观察,尤其是风机运转中有无异常响声、振动和松动及电流过大现象,如有异常应立即停机,待检修好后,方可开机,严禁设备带病作业。使用高压水枪时,应注意安全。

(二) JGB - 150D 型高效包衣机的清洁消毒

1. 清洁程序　见表 10 - 4。

表 10 - 4　JGB - 150D 型高效包衣机的清洁程序

项目	清洁操作要求
清洁的频次	每批使用后及出现异常情况时
清洁的地点	就地清洁、清洁间
清洁工具	不脱落纤维的抹布
清洁用水	饮用水、纯化水
清洁方法	1. 清理掉设备内外粉尘,包衣锅依次用饮用水,纯化水冲洗干净 2. 储料桶、输液管等搬到清洗间依次饮用水、纯化水冲洗干净 3. 用饮用水将设备外壳擦洗干净,再用干抹布将其擦干
清洁工具的清洗	洗洁精洗净后,依次用饮用水、纯化水冲洗干净
清洁工具的存放及干燥	存放于容器及工具存放间,晾干或烘干
清洁效果评价	设备内外无污迹、无残存物料
备注	1. 清洁后,换上已清洁标志,注明清洁人、清洁日期、清洁效期及检查人 2. 清洁后,超过 3 天使用时,须重新清洁

2. 消毒程序　见表 10 - 5。

表 10 - 5　JGB - 150D 型高效包衣机的消毒程序

项目	消毒操作要求
消毒的频次	每月定期消毒两次及出现异常情况时(一般在清洁后进行)
消毒的地点	就地消毒、清洁间
消毒工具	不脱落纤维的抹布、喷壶
消毒剂及其配制	75% 乙醇、3% 双氧水
消毒剂的使用周期	两种消毒剂交替使用,每月更换一次
清洁用水	纯化水
消毒方法	1. 将储料桶等移至清洁间,用消毒剂润湿抹布,将其擦拭一遍 2. 用消毒剂润湿抹布,将设备内腔擦拭一遍,不宜擦拭的部位用喷壶喷雾 3. 使用 3% 双氧水作为消毒剂时,应在消毒后用纯化水擦拭或冲洗两遍
消毒工具的清洗	用纯化水冲洗干净

项目	消毒操作要求
消毒工具的存放及干燥	存放于容器及工具存放间，晾干或烘干
消毒效果评价	微生物抽检符合质量部的检验标准
备注	1. 消毒后，如实填写消毒记录； 2. 超过消毒有效期（15 天）后，应重新消毒

第二节　实　训

一、健胃消食片基本情况

1. 处方　太子参 228.6g，陈皮 22.9g，山药 171.4g，（炒）麦芽 171.4g，山楂 114.3g。

2. 来源　《中国药典》一部。

3. 制法　以上五味，取太子参半量与山药粉碎成细粉，其余陈皮等三味及剩余的太子参加水煎煮二次，每次 2 小时，合并煎液，滤过，滤液低温浓缩至稠膏状，或浓缩成相对密度为 1.08～1.12（65℃）的清膏，喷雾干燥。加入上述细粉、蔗糖粉和糊精适量，混匀，制成颗粒，干燥，压制成 1000 片［规格（1）］或压制成 1600 片［规格（2）］，或包薄膜衣，即得。

4. 性状　本品为淡棕黄色的片或薄膜衣片；也可为异形片，薄膜衣片除去包衣后显淡棕黄色；气略香，味微甜、酸。

5. 功能与主治　健胃消食。用于脾胃虚弱所致的食积，症见不思饮食、嗳腐酸臭、脘腹胀满；消化不良见上述证候者。

6. 用法与用量　口服，可以咀嚼。规格（2）：成人一次 4～6 片；儿童二岁至四岁一次 2 片，五岁至八岁一次 3 片，九岁至十四岁一次 4 片；一日 3 次。规格（1）：成人一次 3 片，一日 3 次，小儿酌减。

7. 规格　每片重 0.8g；每片重 0.5g。

8. 贮藏　密封。

9. 注意　忌食生冷辛辣食物。

10. 鉴别

（1）取本品 30 片［规格（1）］或 48 片［规格（2）］，研细，加甲醇 50ml，加热回流 30 分钟，滤过，滤液蒸干，残渣加水 20ml 使溶解，通过 D101 型大孔吸附树脂柱（内径 1.2cm，柱高 15cm），用水 200ml 洗脱，弃去水洗液，再用乙醇 100ml 洗脱，收集乙醇洗脱液，蒸干，残渣加甲醇 1ml 使溶解，作为供试品溶液。另取太子参对照药材 5g，加水煎煮 2 小时，离心，取上清液，通过 D101 型大孔吸附树脂柱，同法制成对照药材溶液。照薄层色谱法试验，吸取上述两种溶液各 20μl，分别点于同一硅胶 G 薄层板上，以甲苯－乙酸乙酯（4∶1）为展开剂，展开，取出，晾干，喷以 1% 香草醛硫酸溶液，在 105℃加热至斑点显色清晰。供试品色谱中，在与对照药材色谱相应的位置上，显相同颜色的斑点。

（2）取本品 30 片［规格（1）］或 48 片［规格（2）］，研细，加甲醇 50ml，加热回流 30 分钟，滤过，滤液蒸干，残渣加水 20ml 使溶解，用乙酸乙酯振摇提取 2 次，每次 20ml，合并乙酸乙酯液，蒸干，残渣加甲醇 1ml 使溶解，作为供试品溶液。另取山楂对照药材 2g，加水 100ml，煎煮 1 小时，滤过，滤液浓缩至 20ml，用稀盐酸调节 pH 至 1~2，用乙酸乙酯振摇提取 2 次，同法制成对照药材溶液。照薄层色谱法试验，吸取上述两种溶液各 20µl，分别点于同一硅胶 G 薄层板上，以环己烷－乙酸乙酯－甲酸（20：20：1）为展开剂，展开，取出，晾干，喷以 2% 三氯化铁乙醇溶液，在 105℃加热至斑点显色清晰。供试品色谱中，在与对照药材色谱相应的位置上，显相同颜色的主斑点。

11. 含量测定 照高效液相色谱法测定。

色谱条件与系统适用性试验 以十八烷基硅烷键合硅胶为填充剂；以甲醇－0.5% 冰醋酸溶液（40：60）为流动相；检测波长为 283nm。理论板数按橙皮苷峰计算应不低于 2000。

对照品溶液的制备 取橙皮苷对照品 12.5mg，精密称定，置 100ml 量瓶中，加甲醇使溶解并稀至刻度，摇匀；精密量取 3ml，置 25ml 量瓶中，加 50% 甲醇稀释至刻度，摇匀，即得（每 1ml 含橙皮苷 15µg）。

供试品溶液的制备 取重量差异项上的本品，研细，取约 2g，精密称定，精密加入甲醇 20ml，称定重量，置水浴上加热回流 1 小时，放冷，再称定重量，用甲醇补足减失的重量，摇匀，滤过，精密量取续滤液 5ml，置 10ml 量瓶中，加水稀释至刻度，摇匀，滤过，取续滤液，即得。

测定法 分别精密吸取对照品溶液与供试品溶液各 20µl，注入液相色谱仪，测定，即得。

本品每片含陈皮以橙皮苷（$C_{28}H_{34}O_{15}$）计，规格（1）不得少于 0.20mg；规格（2）不得少于 0.12mg。

12. 检查 应符合片剂项下有关的各项规定。

二、制备工艺解析

1. 工艺设计思路

（1）主要药物研究概述（主要药物来源、药物成分、药理作用等） 太子参为石竹科（Caryophyllaceae）多年生草本植物孩儿参 *Pseudostellaria heterophylla*（Miq.）Pax et Hoffm 的干燥块根。块根含太子参环肽（heterophyllin）A 及 B、棕榈酸（软脂酸）（palmiticacid）、山嵛酸（behenic acid）、亚油酸（linoleic acid）、1－亚油酸甘油酯（glycerol 1－monolinolate）、2－吡咯甲酸（2－minaline）、β－谷甾醇（β－sitosterol），另含糖、氨基酸、微量元素等。药性平和、味甘，有补气生津的作用。常用于脾胃虚弱、倦怠乏力、食欲不振、干咳少痰、病后体虚、盗汗、夜间惊哭、小儿夏季热等。实验研究证实，太子参可以提高免疫功能，改善心功能。

陈皮为芸香科（Rutaceae）植物橘 *Citrus reticulata* Blanco 及其栽培变种的干燥成熟果皮。药材分为"陈皮"和"广陈皮"。其化学成分含挥发油约 2%~4%，黄酮类化合物，此外尚含肌醇、β－谷甾醇、对羟福林（synephrine）等。陈皮具理气降逆、调中开胃、燥湿化痰之功。主治脾胃气滞湿阻、胸膈满闷、脘腹胀痛、不思饮食、呕吐秽逆、二便不利、肺气阻滞、咳嗽痰多，亦治乳痈初起。

山药为薯蓣科（Dioscoreaceae）植物薯蓣 *Dioscorea opposita* Thunb. 的干燥根茎。其主要成分有山药素（batasin）、胆碱、糖蛋白、多酚氧化酶、维生素 C、黏液质等。益气养阴，补脾肺肾，固精止带。可用于脾胃虚弱证，肺肾虚弱证，阴虚内热，口渴多饮，小便频数的消渴证。

麦芽为禾本科植物大麦 *Hordeum vulgare* L. 的成熟果实经发芽干燥而得。其化学成分主要含 α - 及 β - 淀粉酶、催化酶、麦芽糖及大麦芽碱、腺嘌呤、胆碱、蛋白质、氨基酸、维生素 B、D、E、细胞色素 C 等。麦芽甘，平。行气消食，健脾开胃，退乳消胀。炒麦芽性偏温而气香，具有行气、消食、回乳之功。

山楂为蔷薇科（Rosaceae）植物山里红 *Crataegus pinnatifida* Bge. var. major N. E. Br. 或山楂 *C. pinnatifida* Bge. 的干燥果实。其化学成分主要有三萜和黄酮两大类。性微温，味酸、甘。常用于肉食积滞、胃脘胀满、泻痢腹痛、瘀血经闭、产后瘀阻、心腹刺痛、疝气疼痛、高脂血症。

（2）药物提取　取太子参半量与陈皮、炒麦芽、山楂加水煎煮二次，每次 2 小时，合并煎液，滤过，滤液低温浓缩至稠膏状，或浓缩成相对密度为 1.08～1.12（65℃）的清膏，喷雾干燥。

（3）剂型制备　剩余太子参与山药粉碎成细粉，加入适量蔗糖粉和糊精，与上述提取物混匀，制成颗粒，压制成 1000 片（规格 0.8g），或压制成 1600 片（规格 0.5g），即得。

（4）质量控制　采用 TLC 法对方中太子参、山楂进行定性鉴别；采用 HPLC 法对片剂中的橙皮苷进行含量测定。

2. 工艺关键技术　制备健胃消食片的关键技术点包括太子参、陈皮、炒麦芽、山楂的提取浓缩，压片和包衣。

（1）提取药物时，浸泡半小时，加水量为 10 倍量，煎煮 2 次，每次 2 小时。随着加水量的增加，提取效果越好，但收膏率增大幅度较小。为了缩短浓缩的时间，节约能源，降低成本，加 10 倍量水为宜。

（2）太子参与山药需要单独粉碎，粉碎中有药物损耗，为保证配方的准确，需粉碎后称取。

（3）糊精糖粉以 1∶3 加入为宜。糊精作为填充剂，兼有黏合剂的作用；糖粉是可溶性片剂的优良稀释剂，并有矫味和黏合作用。

（4）片剂大多都需制成颗粒后压片，有如下目的：增加其流动性；减少细粉吸附和容存的空气以减少药片的松裂；避免粉末分层和细粉飞扬。湿粒应及时干燥。干燥温度一般为 60～80℃，温度过高，颗粒中的淀粉粒糊化，崩解度降低，并可使含浸膏的颗粒软化结块。

（5）太子参与山药细粉、蔗糖粉、糊精、提取物混匀压片时会造成流动性降低，此时可以加入 1%～2% 的硬脂酸镁或滑石粉。

（6）压片机有单冲压片机（用于新产品的试制或小量生产，由上冲加压，压力分布不够均匀，易出现裂片，噪声较大）和旋转式压片机（饲料方式合理，片重差异较小；由上、下两侧加压，压力分布均匀；生产效率高）。本实验采用旋转式压片机。压片时有片重调节、压力调节、出片调节；先片重调节，后压力调节。压片过程中有时会产生松片、粘冲、崩解迟缓、裂片、叠片、片重差异超限等，应从三个方面考虑：颗粒是否过硬、过松、过干、大小悬殊、细分过多等；空气湿度是否太高；压片机是否不正常。

（7）包衣主要分为薄膜衣（保护片剂不受空气中湿气和氧气作用、增加稳定性、掩盖不良气味）、糖衣（防潮、隔绝空气、掩盖不良气味、改善外观、易于吞服）和肠溶衣（由药物的性质和使用目的决定）。本实验采用包薄膜衣，节省物料，操作简单，工时短而成本低；衣层牢固光滑，衣层薄，重量增加不大；对片剂的不良影响小；片剂表面的标记，包衣后仍可显出，不用另作标记。

3. 工艺点评　根据原料不同，制粒主要分为中药全粉制粒法、中药细粉与稠浸膏混合制粒法、全浸膏制粒法及提纯物制粒法。本实验采用中药细粉与稠浸膏混合制粒法。半量太子参与山药粉碎成细粉，其余提取浸膏，此优点为稠浸膏与药材细粉除具有治疗作用外，稠浸膏起黏合剂的作用，而药材细粉大部分具有崩解剂的作用，与药材全粉制粒法及全浸膏制粒法相比，节省了辅料，操作也简便。

4. 健胃消食片的相关研究动态　采用薄层色谱法对其中的太子参、山药和炒麦芽进行了鉴别，并建立 HPLC 法对其中陈皮中的橙皮苷进行定量。结果：薄层色谱斑点清晰集中，阴性对照无干扰，专属性强；含量测定橙皮苷线性范围 $0.0868 \sim 8.680\mu g$，相关系数为 0.9999，平均回收率为 99.45%，相对标准偏差为 1.86%（$n = 9$）。本质量标准可有效地控制健胃消食片的质量。

三、健胃消食片的生产工艺

1. 主题内容　本工艺规定了健胃消食片生产全过程的工艺技术、质量、物耗、安全、工艺卫生、环境保护等内容。本工艺具有技术法规作用。

2. 适用范围　本工艺适用于健胃消食片生产全过程。

3. 引用标准　《中国药典》一部、《药品生产质量管理规范（2010 年修订）》。

4. 职责

编写：生产部、质量部技术人员。

汇审：生产部、质量部及其他相关部门负责人。

审核：生产部经理、质量部经理。

批准：总经理。

执行：各级生产质量管理人员及操作人员。

监督管理：QA、生产质量管理人员。

5. 产品概述

（1）产品名称　健胃消食片（Jianwei Xiaoshi Pian）。

（2）产品特点

性状：本品为淡棕黄色的片，气略香，味微甜、酸。

规格：每片重 0.5g。

功能与主治：健胃消食。用于脾胃虚弱所致的食积，症见不思饮食、嗳腐酸臭、脘腹胀满；消化不良见上述证候者。

用法与用量：口服，可以咀嚼成人一次4～6片；儿童二岁至四岁一次2片，五岁至八岁一次3片，九岁至十四岁一次4片；一日3次。

贮藏：密封。

有效期：3年。

新药类别：本品为国家中药仿制品种。

（3）处方来源：本处方出自《中国药典》一部。

处方：太子参、陈皮、山药、（炒）麦芽、山楂。

处方依据：《中国药典》一部。

批准文号：……。

生产处方：为处方量×倍。

6. 工艺流程图 见图10-1。

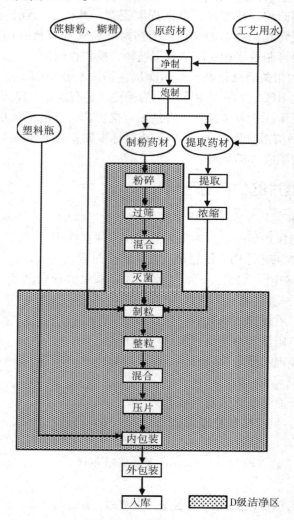

图10-1 健胃消食片工艺流程

制粉药材：太子参、山药。

提取药材：太子参、陈皮、麦芽（炒）、山楂。

7. 中药材的前处理

（1）炮制依据 《中药材炮制通则》、《全国中药炮制规范（1988 年版）》。

（2）炮制方法和操作过程

山药：除去杂质，分开大小个，泡润至透，切厚片，干燥。

太子参：取原药材，除去杂质，洗净，干燥。

陈皮：去净杂质，抢水洗净，低温干燥。

炒麦芽：取净麦芽，置锅内文火炒至表面棕黄色带焦黄斑点，香气逸出时，取出，放凉。

山楂：去净杂质及果柄，筛去脱落的核。

8. 中药材的前加工和质量控制点

（1）配料 依据生产指令、配核料单，按生产处方量逐味称取中药材备料。

（2）粉碎 取太子参、山药，分别用万能粉碎机粉碎成细粉；将蔗糖用万能磨粉机粉碎成细粉。

（3）过筛 将药粉和蔗糖粉用筛粉机过 100 目筛。

（4）定额包装 生药粉和蔗糖粉过 100 目筛后用塑料袋装好封口，再用编织袋装好封口，标明状态标识，定额包装，零头单独包装存放，检验合格后入库。

（5）灭菌 定额包装后的药粉经钴 −60 灭菌后入中间库待检，检验性状、鉴别、含量、微生物，检验合格后入库。

（6）混合 将过筛后的太子参、山药生药粉按生产处方准确称量，投入 V 形混合机内混合 20 分钟。

9. 提取操作过程和质量控制点

（1）煎煮 按处方量称取太子参、陈皮、炒麦芽、山楂，于多功能提取罐内，加 8 倍量饮用水，煎煮 2 小时，滤过，再加 6 倍量饮用水，煎煮 2 小时，滤过。第一煎滤液体积应 ≥6.5 倍药材重量，第二煎滤液体积应 ≥6 倍药材重量。煎煮工序控制参数如下：蒸汽压力为 0.1 ～ 0.3MPa；煎煮时间以药液沸腾时计时。

出渣：多功能提取罐内中药渣控净药液后，打开罐底阀放出药渣，用手推车运到药渣场。

（2）浓缩 合并提取液，于单效减压浓缩器内低温浓缩至相对密度 1.32 ～ 1.35（50℃）的清膏。浓缩岗位控制参数如下：

蒸汽压力：0.05 ～ 0.15MPa；

真空度：−0.06 ～ −0.08MPa；

冷却水温度：≤35℃。

10. 制剂操作过程和质量控制点

（1）制颗粒 取蔗糖粉、糊精和生药粉的混合粉，与提取工序的浸膏在一步制粒机内制成颗粒。蔗糖粉和糊精的比例为 3:1。

干浸膏量 = 总清膏量 ×（100% − 含水量%）

加糖粉量 =（0.8kg × 处方倍数 − 干浸膏量 − 生药粉量）×3/4

加糊精量 = （0.8kg×处方倍数 – 干浸膏量 – 生药粉量） ×1/4

（2）整粒、总混　把颗粒于整粒机上过 16 目筛。整后的颗粒加入 1% 的硬脂酸镁，于 V 形混合机内混合 30 分钟。

（3）压片　根据颗粒的重量及计划批量计算片重，于压片机上进行压片。调整片重，使片重在规定范围内，正常生产中每 30 分钟检查片重差异一次，片重不合格的片子，另器存放，合格药片，置于洁净的容器内。压片工序控制参数如下：冲模平面斜角为 φ9.5；片剂硬度 ≥4.0kg；片重控制应为规定片重（0.5g）的 ±5%。

（4）内包装　装入塑料瓶，电磁感应封口机封口。

（6）外包装。

11. 工艺卫生要求　中药材净制、炮制、提取、浓缩、外包装工序工艺卫生执行一般生产区工艺卫生规程，环境卫生执行一般生产区环境卫生规程。

粉碎、过筛、混合、灭菌工序工艺卫生执行洁净管理区工艺卫生规程，环境卫生执行洁净管理区环境卫生规程。

制粒、整粒、总混、压片、装瓶工序工艺卫生执行 D 级洁净区工艺卫生规程，环境卫生执行 D 级环境卫生规程。

12. 质量标准

（1）原料的质量标准　太子参、山药、太子参、陈皮、炒麦芽、山楂。

（2）辅料的质量标准　乙醇、蔗糖、糊精、硬脂酸镁。

（3）包装材料的质量标准　塑料瓶等。

（4）成品的质量标准。

13. 中间品、成品的质量控制

（1）生药粉　细度检查：应全部通过 100 目筛；水分 ≤5.0%；均匀度检查：应混合均匀、色泽一致；微生物限度检查：细菌总数 ≤500 个/g，霉菌数 ≤50 个/g，大肠埃希菌、活螨不得检出。

（2）清膏　色泽棕色、均匀，无酸败、异臭、产生气体或其他变质现象，无焦屑等异物，相对密度 1.25 ~ 1.30（50℃）。

（3）颗粒

外观：干燥、颗粒均匀、色泽一致，无吸潮、软化、结块、潮解等现象的颗粒。

鉴别：应为太子参的正反应；应为山楂的正反应。

水分：应 3.0% ~ 5.0%。

含量测定：0.5g 含陈皮以橙皮苷（$C_{28}H_{34}O_{15}$）计，不少于 0.14mg。

（4）待包装品

外观：为淡棕黄色的片；气略香，味微甜、酸。

鉴别：应为太子参和山楂的正反应。

水分：应 ≤6.0%。

含量测定：每片含陈皮以橙皮苷（$C_{28}H_{34}O_{15}$）计，不少于 0.13mg。

崩解时限：应 ≤25 分钟。

硬度：≥4.0kg。

片重差异：规定片重（0.5g）的±5%。

微生物限度：细菌数≤3000个/g，霉菌数≤60个/g，大肠埃希菌、活螨不得检出。

（5）成品 装盒装箱数量应准确无误。小包装应封口严密、整洁；袋包装应裁切位正；中包装封口完好；大包装封箱牢固。标签粘贴整齐牢固，文字内容完整无误，批号、生产日期、有效期应正确、清晰。

其余同"待包装品"。

14. 包装、标签、说明书的要求 装量准确；塑料瓶与铝箔热合端正、严密；粘签：端正、美观、整洁、不开签、不松签、不皱褶；盒外观四角要见方，上下不得出现明显凹凸不平，折盒插盒不得有飞边，不得有破损；装盒装箱：填塞紧密、不松动；印字：产品批号、生产日期、有效期应正确无误、印字清晰、整洁、不歪斜。

15. 经济技术指标和物料平衡 统计原料、辅料、包装材料、中间品量、成品量。

净制收率＝净药材重量/原药材重量×100%

药材粉碎收率＝粉碎后药粉重量/原药材重量×100%

过筛收率＝过筛后药粉重量/粉碎后药粉重量×100%

混合收率＝混合后药粉重量/过筛后药粉重量×100%

制粒收率＝颗粒重量/颗粒定额×100%

整粒总混定额＝总混后颗粒重量/（制粒重量＋硬脂酸镁重量）×100%

压片收率＝片子重量/颗粒重量×100%

整批收率＝成品瓶数/计划产量×100%

产品、物料实际产量、实际用量及收集到的损耗之和与理论产量或理论用量之间进行比较，制定可允许的偏差范围。

16. 技术安全及劳动保护

（1）技术安全 车间内严禁动用明火，并设有消防栓、消火器等消防器材，安放于固定位置，定期检查，以备应用。新职工进厂要进行安全教育，定期培训。所有设备每年进行一次校验，经常检查，以保证正常生产。下班时要仔细检查水、电、气、火源，并做好交班工作，无接班者，要切断电源，关闭水阀，熄灭火种，清理好工作场所，确无危险后方可离开。

安全适用电器设备，各工序的电器设备必须保持干燥、清洁。安全用电措施：企业设有专用变压器、配电室，装置总闸，各车间配有分闸，下班拉闸，切断电源，中途有关电器和线路出现异常时，立即切断电源，及时找电工修理，电器设备和照明装置必须遵守电器安全规程，要符合电器防暴要求。

受压容器、设备要求安装安全阀，压力表每年进行一次试压试验，遇有疑问及时上报检修，不得自行拆卸，严格执行压力容器安全监察规程和有关压力容器安全技术规定。压力表、温度表、水表、真空表、电表等，要经常检查，每年校验一次。

提取工序投料时，不得将头探入提取罐投料口，排渣药渣时，严禁站人，以杜绝人身事故的发生。

各机器的传送带、明齿轮和转动轴等转动部分，必须设安全罩。进入操作间，应严格按要求将工作服穿戴整齐，包括头发裹进帽内，戴好口罩。机器运转部分应有防护罩或有注意安全的警示标志；严禁在没有通知同伴的情况下独自开机；禁止在转动设备上放置杂物及工具。

（2）劳动保护　操作者操作时，穿戴好工作服、鞋、帽、口罩等，并妥善保管，正确使用。

第十一章 ▶ 口服液体制剂制备工艺与操作

合剂系指饮片用水或其他溶剂，采用适宜方法提取制成的口服液体制剂，单剂量灌装者称为口服液。

合剂在生产与贮藏期间应符合下列有关规定。

（1）药材应按各品种项下规定的方法提取、纯化，浓缩至一定体积；除另有规定外，含有挥发性成分的药材宜先提取挥发性成分，再与余药共同煎煮。

（2）可加入适宜的附加剂。如需加入防腐剂，山梨酸和苯甲酸的用量不得超过 0.3%（其钾盐、钠盐的用量分别按酸计），对羟基苯甲酸酯类的用量不得超过 0.05%，如需加入其他附加剂，其品种与用量应符合国家标准的有关规定，不影响成品的稳定性，并应避免对检验产生干扰。必要时可加入适量的乙醇。抑菌剂的抑菌效力应符合抑菌效力检查的规定。

（3）合剂若加蔗糖作为附加剂，除另有规定外，其含蔗糖量不高于 20%（g/ml）。

（4）除另有规定外，合剂应澄清。在贮存期间不得有发霉、酸败、异物、变色、产生气体或其他变质现象，允许有少量摇之易散的沉淀。

（5）一般应检查相对密度、pH 等。

（6）除另有规定外，合剂应密封，置阴凉处贮存。

合剂应进行以下相应检查。

【装量】单剂量灌装的合剂，照下述方法检查应符合规定。

检查法 取供试品 5 支，将内容物分别倒入经校正的干燥量筒内，在室温下检视，每支装量与标示装量相比较，少于标示装量的不得多于 1 支，并不得少于标示装量的 95%。多剂量灌装的合剂，照最低装量检查法检查，应符合规定。

【微生物限度】照微生物限度检查法检查，应符合规定。

第一节 口服液体制剂的制备与操作

一、不锈钢板框滤过机操作

1. 开机前的准备工作 认真检查阀门、管路等零部件是否齐全完好，有无漏气、漏水现象。检查螺栓等紧固件是否紧固，滤器的硅胶圈是否放好为平整，以防漏水。可将薄质的滤材用蒸馏水润湿后贴在网花面上，滤板则要放在硅胶圈内，压紧顶板。

2. 开机运行 启动输液泵时，先关闭进液阀，然后启动，注意电机旋转方向，逐渐打开进液阀并排出空气，达到所需压力即可滤过，一般工作压力为 <0.2MPa。使用时应注意压力表的增高速度和突然下降，以判断滤材阻塞和破碎。

可根据被滤液体的不同生产工艺（初滤、半精滤、精滤）要求更换不同的滤材，也可根据生产流量大小，相应减少或增加滤框滤板，使之适应生产需要。如需配厚的滤材，必须更换密封圈厚度。

使用过程中，注意观察设备运转情况，发现异常，应立即停机，待查明原因，检修好后，方可开机。如本机采用微孔膜精滤时，料液必须选用较粗滤材，经过预滤后使用，以免堵塞膜影响滤过质量。

3. 停机　停泵时应先关闭进液阀，防止突然停泵液体回流击坏滤材，然后，停泵并打开放气螺栓，待滤液流净后松开顶板，即可更换滤材和清洗。

二、不锈钢板框滤过机清洁消毒操作

1. 清洁程序　见表 11 – 1。

表 11 – 1　不锈钢板框滤过机的清洁程序

项目	清洁操作要求
清洁的频次	每批使用后及出现异常情况时
清洁的地点	就地清洁
清洁工具	不脱落纤维的抹布、刷子
清洁剂及其配制	3% 碳酸钠溶液
清洁用水	饮用水、纯化水
清洁方法	1. 用 3% 碳酸钠溶液反复冲洗滤框滤板及管道，再依次用饮用水、纯化水冲洗干净； 2. 用饮用水将设备外壳擦洗干净，再用干抹布擦干
清洁工具的清洗	洗洁精洗净后，依次用饮用水、纯化水冲洗干净
清洁工具的存放及干燥	存放于容器及工具存放间，晾干或烘干
清洁效果评价	设备内外无污迹、无残存物料
备注	1. 清洁后，换上已清洁标志，注明清洁人、清洁日期、清洁效期及检查人； 2. 清洁后，超过 3 天使用时，须重新清洁

2. 消毒程序　见表 11 – 2。

表 11 – 2　不锈钢板框滤过机的消毒程序

项目	消毒操作要求
消毒的频次	每月定期消毒两次及出现异常情况时（一般在清洁后进行）
消毒的地点	就地消毒、清洁间
消毒工具	不脱落纤维的抹布、喷壶
消毒剂及其配制	75% 乙醇、3% 双氧水
消毒剂的使用周期	两种消毒剂交替使用，每月更换一次
清洁用水	纯化水
消毒方法	1. 将滤框、滤板等移至清洁间，用消毒剂润湿抹布，将其擦拭一遍； 2. 使用 3% 双氧水作为消毒剂时，应在消毒后用纯化水擦拭或冲洗两遍
消毒工具的清洗	用纯化水冲洗干净
消毒工具的存放及干燥	存放于容器及工具存放间，晾干或烘干
消毒效果评价	微生物抽检符合质量部的检验标准
备注	1. 消毒后，如实填写消毒记录； 2. 超过消毒有效期（15 天）后，应重新消毒

三、非无菌药品的液体制剂生产过程管理

配制过程中所涉及设备、容器、管道、滤过板框在使用前均用热水清洗干净。根据生产计划连续作业，口服剂、糖浆剂、合剂配制药液应在4~5小时内完成。配制好的药液应及时滤过至精配釜中。

灌封过程当中所涉及的灌装设备、容器、内瓶、储料罐、管道在使用前用热水清洗干净。按灌装岗位操作连续操作，口服剂、糖浆剂、合剂的灌封应在8小时内完成。

灭菌时操作人员进入工作间之前应开启紫外光灯照射灭菌。口服剂、糖浆剂、合剂配制药液在配制过程中煮沸保温30分钟灭菌。

1. 配液滤过岗位操作　根据生产通知单，开出领料单，检查检验报告单、品名、数量及外观质量，如不合要求应拒绝收料。在领取流浸膏时，必须索取交接单，并检查外观，核对验收数量。

配液操作要有两人一同进行，根据工艺规程正确称取投料量，并复核，填写于配液记录本上，每次配液必须详细记录各种数据及情况。

称料前检查校正衡器，以求准确，衡器使用后及时擦净、归位，防止锈蚀。取用原辅料时，开箱、拆包前必须清除包装物外表的异物灰尘，再复核名称，检查外观、数量，避免差错，每次称料后及时包扎加盖，不得敞口露置，以免药品变质。

配液间内只能放置当天产品使用的原辅料，不得存放其他产品的原辅料，避免混药。配液时应按照各种工艺要求进行严格掌握煮沸、保温的温度及时间，加水务必正确，充分搅拌均匀。

将待配液物料放入配制容器中，启动搅拌装置，边搅拌边将浓缩液加到配液罐中。按照要求加入其他物料，按要求的时间进行搅拌。

配液完后，将液体放出，装到储液容器中，挂上状态标志，或者转入灭菌罐。填写批生产记录。

装妥板框过滤机，用热水通过真空泵送入板框洗涤消毒后，才能供使用。

每天完工后，及时将各种容器、板框、用具、管路等分别处理清洗干净，以备下次使用。每次配液完后，及时清扫整理，保持室内与设备清洁，所有用具容器等要定位放置整齐，不得放置非生产用品。清理场地内的污粉、杂物及上次所用标签，装入弃物桶，送出生产区。设备、容器、用具的清洁及生产区环境、清洁工具的清洁按照相关规定进行。

及时真实填写配料记录及交接班记录，要求填写字迹清晰，不得撕毁或任意涂改。

2. 灌装岗位操作　整理已清洗、烘干的药瓶，开启理瓶机和传送带。调整灌装机的装量，放尽机前不锈钢桶中75%乙醇，并用热纯化水清洗干净，开启储料罐放料阀门，使药液注入灌装机前的不锈钢储料桶中。

将包装瓶对准灌装机的灌装头，开启灌装机，将药液灌入药瓶中。开启传送带，将灌装好的药瓶传至拧盖或加盖工序，需停车时，必须先停灌装机，再停理瓶机和传送带。

扫除场地内杂物及上次所用标签与不合格的瓶子、瓶盖（记数）装入弃物桶，送出生产区。设备、容器、用具的清洁及生产区环境、清洁工具的清洁按照相关规定进行。

3. 灭菌检漏岗位操作

（1）操作前准备　按进出一般生产区更衣规程进行更衣，将"清场合格证"附入批生产记录，检查水、汽供应情况，试开机运行，检查设备运转是否正常，有无异常声响。

（2）灭菌检漏操作　按产品交接卡核对待灭菌检漏药品：品名、规格、批号、产量。准确无误后，将药品移至脉动真空灭菌检漏器内。将灭菌器门关严，按脉动真空灭菌器操作规程，设置灭菌时间、温度等参数，开始灭菌操作。

灭菌后的药品应符合灭菌检查规定标准。抽真空时，内柜压力应在 $-0.078MPa$ 以下，2～3分钟，方可进水。

灭菌结束后，按脉动真空灭菌器操作规程设定抽真空的参数，先抽真空，后注入水浸没药品，1～2分钟开始排水，将水排净。根据药品品种设定干燥时间及温度，真空灭菌器开始自动操作。干燥结束后，按"开门"按钮，取出药品。

操作结束后应马上填写操作记录。灭菌检漏操作时应注意参数的设置应符合工艺规程规定，并在本机器的允许值范围内。所用设备不能正常运转，影响生产及产品质量应填写《偏差及异常情况报告》交车间主任并通知QA，请维修人员修理。蒸汽、冷却水无供应时，应及时通知相应岗位人员及时供给。

（3）清场　清除脉动真空灭菌器内遗留药品，将废弃物装入废物贮器传出室外，设备、容器、用具的清洁及生产区环境、清洁工具的清洁按照相关规定进行。清场结束填写清场及设备清洁记录，并由QA检查员检查确认清场合格后，贴挂"清场合格证"及"已清洁"标示。

4. 口服液灯检岗位操作　试运行灯检机，正常后将清洗合格的瓶子放进灯检机料斗内，瓶口向上，严禁横瓶进入双排输送链。

当瓶子经过灯检区时，若发现瓶子有裂缝、液体有浑浊、瓶身有癍、装量不符合标准要求的、瓶盖轧歪的或有异物等异常现象，立即踩住脚踏开关，将不合格品拣出，放入不合格品容器内。

灯检后的合格品由拨瓶盘送入出瓶周转盘。将灯检合格的半成品，整齐排放于方盘内，排满一盘，放于指定地点码齐存放。并在货位的明显处挂状态标志。每批产品灯检结束后，填写记录。

照明灯的性能变坏可能影响正常的灯检操作或灯检质量时，应填写《偏差及异常情况报告》通知质量监督员及设备维修人员及时修理。出现混批、混药时，应填写《偏差及异常情况报告》报告车间主任及质量监督员，做及时处理。

将可利用的不良品集中收集，清点数量，送至中间库作回收处理。将不可利用的废品集中收集，清点数目，送至中间库不合格品区做销毁处理。扫除场地内杂物及上次所用标签，装入弃物桶，送出生产区。设备、容器、用具的清洁及生产区环境、清洁工具的清洁按照相关规定进行。

四、DGK10/20 型口服液瓶灌装压盖机的操作和清洁消毒

（一）DGK10/20 型口服液瓶灌装压盖机的操作

1. 开机前的准备工作 认真检查机器零部件是否齐全完好，螺栓等紧固件是否紧固。检查安全防护装置是否齐全、可靠，机器电气控制是否灵敏、可靠。

2. 开机运行

（1）进瓶 调节落瓶轨道宽度，使瓶经落瓶轨道顺利送入进瓶螺杆。拆去进瓶螺杆的传动齿轮，调节进瓶螺杆送瓶位置、快慢与转盘衔接位置。调节好进瓶螺杆与转盘运转的同步，避免造成轧瓶。机器运转即将结束时，需要借助人力将落瓶轨道内的存瓶安全送入进瓶螺杆，使机器正常运转。

（2）灌液针头 调整针头凸轮前后位置，使针头上下动作与转盘动作协调。调整针头架使针头高低位置合适。动作协调后，须将所有紧固螺钉锁紧，以防动作失准。

（3）灌液装量调节方法 摆动板拉杆位置变动，调节拉杆支点位置，调节螺母位置，进行玻璃泵行程调节。将调节螺母向下旋转，减少玻璃泵行程，使流量减少；反之增大。将拉杆调节螺钉向上旋调或向下旋调同样可以影响玻璃泵的行程长短，调节灌液装量。

（4）调节自动落盖 将上下铁芯的间隙调准，四边间隙要平行，间隙以 0.3 ~ 0.5mm 为宜。并由调节电流来调节振幅。落盖头两侧弹簧片和正面压弹片位置、弹性、硬度要适宜。同时落盖口的位置与转盘槽内的瓶口位置要调节适度。振荡落盖轨道角度与主机台面成 45°，使盖的内径口与垂直瓶口成 45°。这样压盖的成功率极高。

（5）轧盖 调整轧刀和上顶杆轴头部位置适宜。调整瓶子进入上顶杆轴头部时的位置，这时顶瓶杆的位置应在最高，也就是在凸轮的最高点上检查瓶盖边露出上顶杆轴头部时的尺寸，一般以露出 2.5 ~ 3mm 为好。再检查轧刀与铝盖的位置，这时轧刀边缘应正好在铝盖边缘的下沿。检查联动工作情况，若开动联动轧盖有吊瓶现象，应调节轧刀杆配重螺帽。

（6）出瓶 调节出瓶口部分宽度适宜，拨瓶杆传动立轴注意稍加润滑油保持其传动灵活。

（7）主机传动 压紧电机与主轴的传动链条，避免机器运转的噪声。将各传动齿轮、链条、凸轮的所有紧定螺钉旋紧，防止动作错乱。

（8）以上调整调好后，打开电源开关，设备可正常运行。

3. 停机 关闭电源开关，停机。

4. 注意事项 机器在正常运转过程中，要防止胶垫与铝盖分离而进入震荡落盖轨道，以免落盖不畅引起轧盖头卡死。切勿将碎瓶及有裂痕的坏瓶误放进瓶斗内。空机运转时，须将止灌开关电源关闭，防止吸铁线圈频繁工作，烧坏线圈。调节灌液装量时，避免玻璃泵工作行程过长，以免吸液跟不上。玻璃泵在工作前或工作中须经常加注蒸馏水润滑泵的摩擦部位，防止泵管咬死、破碎。

（二）DGK10/20 型口服液瓶灌装压盖机的清洁消毒

1. 清洁程序 见表 11 - 3。

表 11 – 3   DGK10/20 型口服液瓶罐装压盖机的清洁程序

项目	清洁操作要求
清洁的频次	每批使用后及出现异常情况时
清洁的地点	就地清洁、清洁间
清洁工具	不脱落纤维的抹布
清洁用水	饮用水、纯化水
清洁方法	1. 拆下易拆部件移至清洁间，依次用饮用水、纯化水冲洗干净； 2. 将玻璃泵等依次用饮用水、纯化水冲洗干净； 3. 用抹布擦去设备外油污，再依次蘸取饮用水、纯化水，擦洗装料斗及设备外壳，再用干抹布将其擦干
清洁工具的清洗	洗洁精洗净后，依次用饮用水、纯化水冲洗干净
清洁工具的存放及干燥	存放于容器及工具存放间，晾干或烘干
清洁效果评价	设备内外无污迹、无残存物料
备注	1. 清洁后，换上已清洁标志，注明清洁人、清洁日期、清洁效期及检查人； 2. 清洁后，超过 3 天使用时，须重新清洁

2. 消毒程序   见表 11 – 4。

表 11 – 4   DGK 10/20 型口服液瓶灌装压盖机的消毒程序

项目	消毒操作要求
消毒的频次	每班使用前及出现异常情况时
消毒的地点	就地消毒
消毒工具	不脱落纤维的抹布、喷壶
消毒剂及其配制	75% 乙醇，3% 双氧水
消毒剂的使用周期	两种消毒剂交替使用，每月更换一次
清洁用水	纯化水
消毒方法	1. 将设备用消毒剂擦拭或冲洗一遍； 2. 使用 3% 双氧水作为消毒剂时，应在消毒后用纯化水擦拭或冲洗两遍
消毒工具的清洗	用纯化水冲洗干净
消毒工具的存放及干燥	存放于容器及工具存放间，晾干或烘干
消毒效果评价	微生物抽检符合质量部的检验标准
备注	消毒后，如实填写消毒记录

第二节 实 训

一、银黄口服液的基本情况

1. 处方   金银花提取物（以绿原酸计）2.4g，黄芩提取物（以黄芩苷计）24g。

2. 制法   黄芩提取物加水适量使溶解，用 8% 氢氧化钠溶液调节 pH 至 8，滤过，滤液与金银花提取物合并，用 8% 氢氧化钠溶液调节 pH 至 7.2，煮沸 1 小时，滤过，加入单糖浆适量，加水至近全量，搅匀，用8%氢氧化钠溶液调节 pH 至 7.2，加水至 1000ml，滤过，灌封，灭菌，即得。

3. 性状 本品为红棕色的澄清液体；味甜、微苦。

4. 特征图谱 照高效液相色谱法测定。

色谱条件与系统适用性试验 以十八烷基硅烷键合硅胶为填充剂；以乙腈为流动相 A，以 0.4% 磷酸溶液为流动相 B，按下表中的规定进行梯度洗脱；检测波长为 327nm。理论板数按绿原酸峰计算应不低于2000。

时间（分钟）	流动相 A（%）	流动相 B（%）
0 ~ 15	5→20	95→80
15 ~ 30	20→30	80→70
30 ~ 40	30	70

参照物溶液的制备 同〔含量测定〕金银花提取物对照品溶液的制备项下。

供试品溶液的制备 同〔含量测定〕金银花提取物项下。

测定法 分别精密吸取参照物溶液与供试品溶液各 10μl，注入液相色谱仪，记录色谱图，即得。

供试品色谱中应呈现 7 个特征峰，与参照物峰相对应的峰为 S 峰，计算各特征峰与 S 峰的相对保留时间，其相对保留时间应在规定值的 ±5% 之内。规定值为：0.76（峰 1）、1.00（峰 2）、1.05（峰 3）、1.80（峰 4）、1.87（峰 5）、2.01（峰 6）、2.33（峰 7）。

对照特征图谱如图 11 - 1 所示。

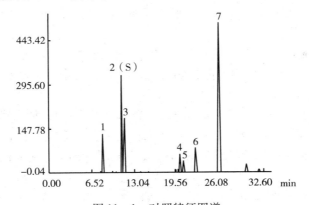

图 11 - 1 对照特征图谱

峰 1. 新绿原酸；峰 2. 绿原酸；峰 3. 隐绿原酸；

峰 4. 3，4 - O - 二咖啡酰奎丁酸；峰 5. 3，5 - O - 二咖啡酰奎宁酸；

峰 6. 4，5 - O - 二咖啡酰奎宁酸；峰 7. 黄芩苷

5. 检查

山银花 照高效液相色谱法测定。

色谱条件与系统适用性试验 同〔特征图谱〕项下；用蒸发光散射检测器检测。理论板数按灰毡毛忍冬皂苷乙峰计算应不低于5000。

对照品溶液的制备 取灰毡毛忍冬皂苷乙对照品，精密称定，加50%甲醇制成每

1ml 含 0.12mg 的溶液。即得。

供试品溶液的制备　同〔含量测定〕金银花提取物项下。

测定法　分别精密吸取对照品溶液与供试品溶液各 20μl，注入液相色谱仪，测定，即得。

供试品色谱中不得呈现与对照品色谱峰保留时间相对应的色谱峰。

（2）其他　相对密度应不低于 1.10。pH 应为 5.5～7.0。其他应符合合剂项下有关的各项规定。

6. 含量测定

（1）金银花提取物　照高效液相色谱法测定。

色谱条件与系统适用性试验　以十八烷基硅烷键合硅胶为填充剂；以乙腈 -0.4% 磷酸溶液（10:90）为流动相；检测波长为 327nm。理论板数按绿原酸峰计算应不低于 2000。

对照品溶液的制备　取绿原酸对照品适量，精密称定，置棕色量瓶中，加 50% 甲醇制成每 1ml 含 40μg 的溶液，即得。

供试品溶液的制备　精密量取本品 1ml，置 50ml 棕色量瓶中，加 50% 甲醇稀释至刻度，摇匀，滤过，取续滤液，即得。

测定法　分别精密吸取对照品溶液与供试品溶液各 10μl，注入液相色谱仪，测定，即得。

本品每 1ml 含金银花提取物以绿原酸（$C_{16}H_{18}O_9$）计，不得少于 1.7mg。

（2）黄芩提取物　照高效液相色谱法测定。

色谱条件与系统适用性试验　以十八烷基硅烷键合硅胶为填充剂；以甲醇 - 水 - 磷酸（50:50:0.2）为流动相；检测波长为 274nm。理论板数按黄芩苷峰计算应不低于 2500。

对照品溶液的制备　取黄芩苷对照品 10mg，精密称定，置 100ml 量瓶中，加甲醇溶解并稀释至刻度，摇匀，精密量取 5ml，置 10ml 量瓶中，加水稀释至刻度，摇匀，即得（每 1ml 含黄芩苷 50μg）。

供试品溶液的制备　精密量取本品 1ml，置 50ml 量瓶中，加水稀释至刻度，摇匀，精密量取 3ml，置 25ml 量瓶中，加 50% 甲醇稀释至刻度，摇匀，滤过，取续滤液，即得。

测定法　分别精密吸取对照品溶液与供试品溶液各 10μl，注入液相色谱仪，测定，即得。

本品每 1ml 含黄芩提取物以黄芩苷（$C_{21}H_{18}O_{11}$）计，不得少于 18.0mg。

7. 功能与主治　清热疏风，利咽解毒。用于外感风热、肺胃热盛所致的咽干、咽痛、喉核肿大、口渴、发热；急慢性扁桃体炎、急慢性咽炎、上呼吸道感染见上述证候者。

8. 用法与用量　口服。一次 10～20ml，一日 3 次；小儿酌减。

9. 规格　每支装 10ml。

10. 贮藏　密封，置阴凉处。

二、制备工艺解析

1. 工艺设计思路

（1）主要药物研究概况（主要药物来源、药物成分、药理作用等）　金银花为常用的清热解毒药，是忍冬科植物忍冬初开的花及花蕾。金银花的化学成分含有绿原酸和异绿原酸外，还含有环烯醚萜苷裂环马钱素、獐牙莱苷、马钱素、马钱酸、新环烯醚萜苷、常春藤皂苷配基等60种成分。金银花具有抗菌抗病毒作用，抗菌范围较广，对金黄色葡萄球菌、溶血链球菌、肺炎双球菌、百日咳杆菌等革兰阳性菌有抑制作用。并对志贺痢疾杆菌、伤寒杆菌、副伤寒杆菌等革兰阴性菌也有较强的抑制作用，对钩端螺旋体也有效。其抑菌的重要有效成分为异绿原酸和绿原酸。金银花具有解热作用，对实验性动物发热模型有明显的退热作用。金银花还具有明显的消炎作用，能抑制炎性渗出，又能抑制炎性增生，还能促进白细胞的吞噬作用。

黄芩苷是由唇形科植物黄芩的干燥根中提取的一种黄酮类化合物。黄芩味苦、性寒、归肺、肝、胆、大肠、小肠经，功能清热燥湿、泻火解毒、止血、安胎。黄芩苷是黄芩的主要有效成分之一，是黄芩及其制剂的主要质量控制指标成分。现代药理研究证明黄芩具有明显的抗菌抗炎、抗过敏、抗氧化、抗致癌和抗病毒等作用。

（2）药物的提取

（1）金银花提取物　取金银花1000g，加15%乙醇回流提取二次，每次各1小时，合并提取液，减压浓缩至相对密度为1.15～1.18（60℃）的清膏，加乙醇使含醇量达65%，静置24小时，取上清液，减压浓缩至相对密度为1.20～1.24（60℃），加水至750g，密闭，冷藏24小时以上，取上清液，即得。每1mg含绿原酸不少于3.6mg。

（2）黄芩提取物　取黄芩，加水煎煮二次，每次1.5小时，滤过，合并煎液，滤液浓缩至适量（与药材量之比10:1），用2mol/L盐酸溶液调节pH至1.8～2.0，60℃保温30分钟，冷却至室温，放置12小时，滤过，沉淀用乙醇洗至pH至4.0，加10倍量水搅拌均匀，用20%氢氧化钠溶液调pH至7.0，溶解后加等量乙醇搅匀，放置12小时，滤过，滤液用2mol/L盐酸溶液调节pH至1.8～2.0，80℃保温30分钟，冷却至室温，滤过，沉淀用乙醇洗至pH至4.0，减压干燥，粉碎成细粉，即得。

（3）剂型的制备　黄芩提取物加水适量使溶解，用8%氢氧化钠溶液调节pH至8，滤过，滤液与金银花提取物合并，用8%氢氧化钠溶液调节pH至7.2，煮沸1小时，滤过，加入单糖浆适量，加水至近全量，搅匀，用8%氢氧化钠溶液调节pH至7.2，加水至1000ml，滤过，灌封，灭菌，即得。

2. 工艺关键技术

（1）金银花的醇提　金银花用15%的乙醇提取比传统的水提绿原酸损失较少，因为绿原酸的极性和15%的乙醇相近，根据相似相溶原理，绿原酸的溶解度增大，而且醇提可减少提取液中淀粉、植物性蛋白、黏液质等水溶性杂质的含量。

（2）金银花的醇沉　醇沉时一定要等浓缩液冷却以后，边搅拌边缓慢加入乙醇使达到65%，缓缓加入乙醇，以避免局部醇浓度过高造成有效成分被包裹损失。加入乙醇后密闭冷藏可促进析出沉淀的沉降，便于滤过操作，滤过沉淀后，可采用与药液中相同浓度的醇来洗涤沉淀，可减少有效成分在沉淀中的包裹损失。

（3）黄芩苷醇提的浓度确定　从黄芩中提取黄酮已有许多报道，其中主要以乙醇作为提取剂。由于黄芩中还含有较多的淀粉，干物质含量达35%～40%（新鲜黄芩中淀粉含量为20%左右），而且这种淀粉具有糊化温度低，黏度稳定性强等特点，对黄芩苷提取有一定影响。

乙醇浓度在60%时黄芩苷的提取率最高，乙醇浓度低于60%或高于60%的提取率都下降，这主要是因为乙醇浓度为60%时与黄酮的极性相似，根据"相似相溶"原理，此时黄酮的提取率最高。

（4）黄芩苷提取中酸沉的pH　当溶液pH为1时，所得产品量少且为棕黑色，可能是强酸使黄芩苷水解所致；当溶液pH为3时，溶液为黄色乳浊液，极难滤过且产品量少，可能是酸沉结晶反应不完全所致；当溶液pH为2时，所得产品量多且为黄色，符合要求。

（5）黄芩苷提取中酸沉的保温温度与时间　当保温温度为80℃时，酸沉所得的黄芩苷粗粉的量最多，且粗粉含量也最高；保温温度70℃时，由于保温温度过低而没有达到黄芩苷酸沉重结晶的温度，因此在冷却析晶时得到的粗粉量较少，含量也较低；保温温度90℃时，由于保温温度过高，黄芩苷发生一定程度的水解，因此粗粉中黄芩苷的含量最低。综合考虑黄芩苷得率以及黄芩苷含量，所以80℃为优化的保温温度。黄芩苷的沉淀随着保温时间延长而逐渐增加，在30分钟时黄芩苷在酸性条件下得到了充分的酸沉，而其他杂质在高温以及强酸的长时间作用下发生分解。

（6）银黄口服液高温灭菌前后有效成分的变化　银黄口服液在经高温处理时，绿原酸有少量会发生水解生成咖啡酸和奎宁酸，其酸性比绿原酸要强，黄芩苷也会水解成葡萄糖醛酸和黄芩素，也会使溶液酸性增强，从而改变药液的pH，影响稳定性。所以可以考虑用微波灭菌。

3. 工艺点评

（1）金银花提取物的制备时，醇沉步骤是关键，一定要严格按照规范操作，避免有效成分的损失。黄芩苷提取物的制备时，酸沉的pH一定要控制在2左右，过高或是过低黄芩苷沉淀不完全。

（2）在高温灭菌时，要快速升温，加热过程中要放气。

（3）在单糖浆制备时，加热温度不宜过高（尤其是以直火加热），时间不宜过长，以防蔗糖焦化与转化，而影响产品质量。

4. 银黄口服液的相关研究动态　以50%乙醇为溶媒，连续回流渗漉法对银黄口服液生产工艺进行了改进。取金银花、黄芩适量，以50%乙醇浸渍12小时，连续回流渗漉72小时，回收乙醇，以10%的氢氧化钠调节pH 7.0，静置12小时，滤过，加入95%乙醇使含醇量为50%，静置12小时，滤过，回收乙醇，并适当浓缩，加入单糖浆至1000ml。

采用金银花、黄芩药材合并提取，其能耗减少50%，两药合并提取，能产生增溶作用，使黄芩苷的溶解度增加。

三、银黄口服液的生产工艺

1. 主题内容　本工艺规定了银黄口服液生产全过程的工艺技术、质量、物耗、安全、工艺卫生、环境保护等内容。本工艺具有技术法规作用。

2. 适用范围　本工艺适用于银黄口服液生产全过程。

3. 引用标准 《中国药典》一部、《药品生产质量管理规范（2010 年修订）》。

4. 职责

编写：生产部、质量部技术人员。

汇审：生产部、质量部及其他相关部门负责人。

审核：生产部经理、质量部经理。

批准：总经理。

执行：各级生产质量管理人员及操作人员。

监督管理：QA、生产质量管理人员。

5. 产品概述

（1）产品名称 银黄口服液（Yinhuang Koufuye）。

（2）产品特点

性状：本品为红棕色的澄清液体；味甜、微苦。

规格：每支装 10ml。

功能与主治：清热疏风，利咽解毒。用于外感风热、肺胃热盛所致的咽干、咽痛、喉核肿大、口渴、发热；急慢性扁桃体炎、急慢性咽炎、上呼吸道感染见上述证候者。

用法与用量：口服。一次 10～20ml，一日 3 次；小儿酌减。

贮藏：密封，置阴凉处。

有效期：2 年。

新药类别：本品为国家中药仿制品种。

（3）处方来源 本处方出自《中国药典》一部。

处方：金银花、黄芩。

处方依据：《中国药典》一部。

批准文号：……。

生产处方：为处方量×倍。

6. 工艺流程图 见图 11－1。

7. 中药材的前处理

（1）炮制依据 《中药材炮制通则》、《全国中药炮制规范（1988 年版）》。

（2）炮制方法和操作过程

金银花：取原药材，除去杂质，筛去灰屑。

黄芩：除去杂质，置沸水中煮 10 分钟，取出，闷透，切薄片，干燥；或蒸半小时，取出，切薄片，低温干燥。

8. 提取操作过程和质量控制点

（1）金银花提取物

提取：称取金银花，于多功能提取罐内，加 8 倍量 15% 乙醇，回流提取 1 小时，滤过，再加 6 倍量 15% 乙醇，回流提取 1 小时，滤过。第一煎滤液体积应≥6.5 倍药材重量，第二煎滤液体积应≥6 倍量药材重量。煎煮工序控制参数如下：蒸汽压力为 0.1～0.3MPa；回流时间以液体回流开始时计时。

出渣：多功能提取罐内中药渣控净药液后，打开罐底阀放出药渣，用手推车运到药渣场。

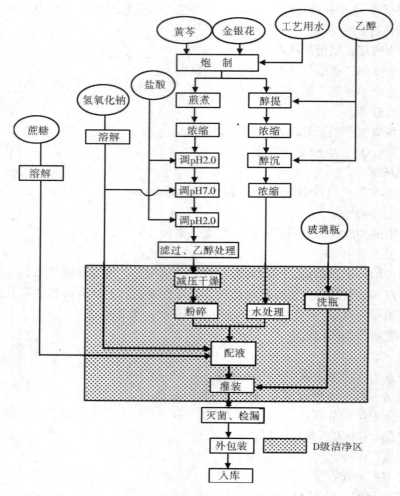

图 11 - 1　银黄口服液工艺流程

浓缩：提取液于单效浓缩器内减压浓缩至相对密度为 1.15 ~ 1.18（60℃）的清膏，称重。浓缩岗位控制参数如下：蒸汽压力为 0.05 ~ 0.15MPa；真空度为 - 0.06 ~ - 0.08MPa；冷却水温度≤35℃。

醇沉：将上述清膏在搅拌下缓缓加入乙醇，使含醇量达 65%，继续搅拌 10 分钟，放置 24 小时（5℃ ± 2℃）。

水沉：取上清液，减压浓缩至相对密度为 1.20 ~ 1.24（60℃），加水至投药量的75%，继续搅拌 10 分钟，密闭，冷藏 48 小时（5℃ ± 2℃）。

滤过：将上述水沉液用板框压滤机滤过。滤液≤6℃保存。

（2）黄芩提取物

提取：称取黄芩，于多功能提取罐内，加 8 倍量饮用水，煎煮 1.5 小时，过滤，再加 6 倍量饮用水，煎煮 1.5 小时，过滤。第一煎滤液体积应≥6.5 倍药材重量，第二煎滤液体积应≥6 倍量药材重量。煎煮工序控制参数如下：蒸汽压力为 0.1 ~ 0.3 MPa；煎煮时间以药液沸腾时计时。

出渣：多功能提取罐内中药渣控净药液后，打开罐底阀放出药渣，用手推车运到药渣场。

浓缩：提取液于单效浓缩器内减压浓缩至药材量的 10 倍，称重。浓缩岗位控制参数如下：蒸汽压力为 0.05 ~ 0.15MPa；真空度为 -0.06 ~ -0.08MPa；冷却水温度 ≤35℃。

调 pH：用 2mol/L 盐酸溶液调节 pH 至 1.8 ~ 2.0，60℃ 保温 30 分钟，冷却至室温，放置 12 小时，滤过，沉淀用乙醇洗至 pH 至 4.0，加 10 倍量水搅拌均匀，用 20% 氢氧化钠溶液调 pH 至 7.0，溶解后加等量乙醇搅匀，放置 12 小时，滤过，滤液用 2mol/L 盐酸溶液调节 pH 至 1.8 ~ 2.0，80℃ 保温 30 分钟，冷却至室温，滤过，沉淀用乙醇洗至 pH 至 4.0。

干燥：沉淀用真空干燥。干燥工序控制参数如下：蒸汽压力为 0.05 ~ 0.10MPa；真空度为 -0.08MPa。

9. 制剂操作过程和质量控制点

（1）制备 8% 氢氧化钠溶液 取氢氧化钠 200g，加入 2.5L 纯化水搅拌使全部溶解。

（2）制备单糖浆 取纯化水，加热至 60 ~ 70℃ 搅拌下加入蔗糖，继续加热至沸，保持 10 分钟，使蔗糖全部溶化。蔗糖与纯化水的比例为 1:1.5。

（3）配液 称取黄芩提取物至配液罐内，加纯化水适量使其溶解，搅拌下缓缓加入 8% 氢氧化钠溶液调节 pH 至 8，滤过，滤液至配液罐内，加入金银花提取物，搅拌下缓缓加入 8% 氢氧化钠溶液调节 pH 至 7.2。配液罐夹层内通入蒸汽，加热至药液沸腾（100℃）1 小时，停蒸汽，降至室温，滤过，加入单糖浆适量，加纯化水至近全量，搅匀，搅拌下缓缓加入 8% 氢氧化钠溶液调节 pH 至 7.2，加纯化水至全量。

（4）滤过 将上述配液用板框压滤机滤过。将板框压滤过机清洁后，按板框压滤机标准操作，将中速滤纸按标准剪裁成圆形，三层以上夹在每两片板框中间，连接罐出口和板框过液器入口，开动板框压滤机，控制滤过压力低于 0.1MPa 滤过，将药液转入贮液罐，然后用输液泵输至高位贮罐。标明品名、数量、批号、生产日期、操作人。药液须在 24 小时内灌封完毕。

（5）灌封

理瓶、洗瓶：将卡口瓶瓶口向上整齐摆放在专用铝盘内，挑出不合格瓶。将摆放好的卡口瓶置满水机上灌满饮用水，取出，移入超声波清洗机上清洗 15 分钟，取出，放在甩水机上甩净；再置满水机上灌满饮用水，重复洗涤 2 次，置远红外烘干机上于 220℃ 烘 20 分钟，置贮瓶间内，由吊笼输送至灌装室备用。

瓶盖处理：将瓶盖整齐摆放在专用铝盘内，挑出不合格品。装入容器内湿热灭菌 121℃，0.5 小时。

灌装：将洁净的卡口瓶及瓶盖分别摆放在送瓶器和布盖器中，以 10.1ml/瓶 的装量自动灌装。瓶盖要把瓶口挤严，不得有松动现象，将罐封后的药瓶摆放在专用铝盘中。

（6）灭菌检漏 将盛装药品的铝盘，置于灭菌柜的料车上，按口服液灭菌检漏器标准操作程序进行操作，设置灭菌温度 115℃，灭菌时间 30 分钟，灭完菌将沸水排至储水罐，抽真空至 -0.085 ± 0.01MPa 保持 10 分钟。经过升温、灭菌，检漏，清洗冷却后，严格执行开关门程序，取出药品，挑出封不严、碎瓶等不合格品，标明品名、数量、批号、操作人。

（7）灯检　取终灭合格的药品置于灯检机上检查。按灯检机标准操作进行操作，挑出含杂质、玻璃屑、混浊等不合格品，放于周转铝盘中，放在指定地点，标明品名、批号、数量、件数、操作人。不合格品由专人收集处理。

（8）包装。

质量监控点见表 11 - 5。

表 11 - 5　银黄口服液质量监控点

工序	监控点	监控项目	频次
制水	淡水	电导率	1 次/2 小时
	蒸馏水	氯离子	1 次/2 小时
配料	配料	品种、数量与配核料单相符	1 次/批
炮制	净制	杂质、药物、非药用部分	每次
	炮制	炮制方法、时间、辅料量、程度要求	每次
提取	煎煮	水量、温度、时间	每次煎煮
	蒸发浓缩	浸膏相对密度、温度、真空度	随时
精制	醇沉	加入乙醇量、醇沉温度	每批
	分离液	澄清度	每批
	蒸馏浓缩	温度、真空度、浸膏相对密度	随时
洗瓶	洗净瓶子	清洁度	1 次/2 小时
	干燥瓶子	干燥程度、存放时间	每箱
配液	辅料	检验报告、外观	领料、接料
	药液	总体积、相对密度、澄清度、pH	每料
	滤过后	滤纸是否有孔	每料滤后
灌装封口	干燥瓶子	清洁度、干燥程度	随时
	灌装	药液装量	随时
	封口	严密	随时
灭菌检漏	灭菌	升温时间，灭菌温度、时间	每批
	检漏	真空度、检漏，清洗	每批
灯检	灯检后半成品	有无漏检	随时
包装	贴标签	外观、批号	随时

10. 工艺卫生要求　中药材净制、炮制、提取、精制、灭菌检漏、灯检、外包装工序工艺卫生执行一般生产区工艺卫生规程，环境卫生执行一般生产区环境卫生规程。

黄芩苷干燥、粉碎、配液、灌封、灭菌工序工艺卫生执行 D 级洁净区工艺卫生规程，环境卫生执行 D 级洁净区环境卫生规程。

11. 质量标准

（1）原料的质量标准　金银花、黄芩。

（2）辅料的质量标准　乙醇、蔗糖、盐酸、氢氧化钠。

（3）包装材料的质量标准　管制口服液瓶、口服液瓶盖等。

（4）成品的质量标准。

12. 中间品、成品的质量控制

（1）金银花提取物

性状：为红棕色的液体；气微，味微苦。

鉴别：应符合对照特征图谱。

含量测定：每1ml含绿原酸（$C_{16}H_{18}O_9$）不少于3.6mg。

（2）黄芩提取物

性状：为淡黄色的粉末；气微，味苦。

鉴别：取本品少量，加水2ml，滴加氢氧化钠试液1滴，溶液显橙黄色，滴加稀醋酸使溶液颜色基本褪去，然后再滴加5%二氯化氧锆溶液1滴，溶液显黄色，加稀盐酸颜色不褪。

含量测定：按干燥品计算，含黄芩苷（$C_{21}H_{18}O_{11}$）不少于95.0%。

（3）配制后的药液

性状：为红棕色的澄清液体；味甜、微苦。

相对密度：应不低于1.10。

pH：应为6.0~7.0。

（4）灭菌后的待包装品

性状：为红棕色的澄清液体；味甜、微苦。

相对密度：应不低于1.10。

pH：应为6.0~7.0。

鉴别：应为绿原酸的正反应；应为黄芩苷的正反应。

含量测定：每1ml含绿原酸（$C_{16}H_{18}O_9$）不得少于1.7mg；含黄芩苷（$C_{21}H_{18}O_{11}$）不少于18.0mg。

微生物限度：细菌总数应≤80个/ml，霉菌、酵母菌数≤60个/ml，大肠埃希菌、活螨不得检出。

（5）成品　装盒装箱数量应准确无误。小包装应封口严密、整洁；袋包装应裁切位正；中包装封口完好；大包装封箱牢固。标签粘贴整齐牢固，文字内容完整无误，批号、生产日期、有效期应正确、清晰。

其余同"待包装品"。

13. 包装、标签、说明书的要求　装量准确10.0ml/瓶；粘签：端正、美观、整洁、不开签、不松签、不皱褶；盒外观四角要见方，上下不得出现明显凹凸不平，折盒插盒不得有飞边，不得有破损；装盒装箱：填塞紧密、不松动；印字：产品批号、生产日期、有效期应正确无误、印字清晰、整洁、不歪斜。

14. 经济技术指标与物料平衡　统计原料、辅料、包装材料、中间品量、成品量。

净制收率＝净药材重量/原药材重量×100%

炮制收率＝炮制后药材重量/净药材重量×100%

提取率＝提取物中有效成分的含量/药材中有效成分的重量×100%

灌装收率＝瓶数×平均装量/配液体积×100%

包装收率＝盒数×10/灌装瓶数×100% （10 支/盒）

整批收率＝成品瓶数/计划产量×100%

产品、物料实际产量、实际用量及收集到的损耗之和与理论产量或理论用量之间进行比较，制定可允许的偏差范围。

15. 技术安全及劳动保护

（1）技术安全　车间内严禁动用明火，并设有消防栓、消火器等消防器材，安放于固定位置，定期检查，以备应用。新职工进厂要进行安全教育，定期培训。所有设备每年进行一次校验，经常检查，以保证正常生产。下班时要仔细检查水、电、气、火源，并作好交班工作，无接班者，要切断电源，关闭水阀，熄灭火种，清理好工作场所，确无危险后方可离开。

安全适用电器设备，各工序的电器设备必须保持干燥、清洁。安全用电措施：企业设有专用变压器、配电室，装置总闸，各车间配有分闸，下班拉闸，切断电源，中途有关电器和线路出现异常时，立即切断电源，及时找电工修理，电器设备和照明装置必须遵守电器安全规程，要符合电器防暴要求。

受压容器、设备要求安装安全阀，压力表每年进行一次试压试验，遇有疑问及时上报检修，不得自行拆卸，严格执行压力容器安全监察规程和有关压力容器安全技术规定。压力表、温度表、水表、真空表、电表等，要经常检查，每年校验一次。

提取工序投料时，不得将头探入提取罐投料口，排渣药渣时，严禁站人，以杜绝人身事故的发生。

各机器的传送带、明齿轮和转动轴等转动部分，必须设安全罩。进入操作间，应严格按要求将工作服穿戴整齐，包括头发裹进帽内，戴好口罩。机器运转部分应有防护罩或有注意安全的警示标志；严禁在没有通知同伴的情况下独自开机；禁止在转动设备上放置杂物及工具。

（2）劳动保护　操作者操作时，穿戴好工作服、鞋、帽、口罩等，并妥善保管，正确使用。车间管理人员、生产人员每年必须体检一次。